高等职业教育计算机教育新形态系列教材

Spring Boot 开发实战

牟志华　苏雪霞 ◎ 主　编
盛雯雯　尹延波　刘维东　代振忠 ◎ 副主编
徐玉金 ◎ 主　审

中国铁道出版社有限公司
CHINA RAILWAY PUBLISHING HOUSE CO., LTD.

内 容 简 介

本书以项目为主线，以任务为驱动，以实际应用需求为依据，以培养和提高职业院校计算机类专业学生的专业能力为目的而编写。全书以实战项目——网上商城后台管理系统为例，介绍如何从零开始搭建一个基于 Spring Boot 的应用。本书共 11 个项目，包括实现第一个 Spring Boot、整合 Mybatis 实现登录功能、实现商品列表显示功能、实现商品删除功能、实现商品添加和图片上传功能、实现商品编辑功能、实现用户管理和订单管理、使用 Spring MVC 实现常见 Web 功能、实现缓存管理、实现 Spring Boot 安全管理、认识项目中常见工具等。

本书从打开一个 Web 页面开始到实现订单管理，把实际开发所需要的技术栈 Maven、Mybatis、Redis 等融入每个任务中，把复杂的知识学习融合到完成具体任务中，突出针对性和实用性。

本书适合作为高等职业院校软件技术、计算机网络技术、计算机应用技术等专业的教材，也可以作为有一定 Java 基础、想从事 Web 开发人员的自学指导用书。

图书在版编目（CIP）数据

Spring Boot 开发实战 / 牟志华，苏雪霞主编.
北京：中国铁道出版社有限公司，2025. 2. --（高等职业教育计算机教育新形态系列教材）. -- ISBN 978-7-113-31724-9

Ⅰ. TP312.8

中国国家版本馆 CIP 数据核字第 2024Y7N060 号

书　　名	Spring Boot 开发实战
作　　者	牟志华　苏雪霞
策划编辑	祁　云
责任编辑	祁　云　彭立辉
封面设计	刘　颖
责任校对	苗　丹
责任印制	赵星辰

编辑部电话：（010）63549458

出版发行	中国铁道出版社有限公司（100054，北京市西城区右安门西街 8 号）
网　　址	https://www.tdpress.com/51eds
印　　刷	北京联兴盛业印刷股份有限公司
版　　次	2025 年 2 月第 1 版　2025 年 2 月第 1 次印刷
开　　本	850 mm×1 168 mm　1/16　印张：13.5　字数：341 千
书　　号	ISBN 978-7-113-31724-9
定　　价	42.80 元

版权所有　侵权必究

凡购买铁道版图书，如有印制质量问题，请与本社教材图书营销部联系调换。电话：（010）63550836
打击盗版举报电话：（010）63549461

高等职业教育计算机教育新形态系列教材
编审委员会

主　任：石　冰

副主任：迟会礼　高寿柏　刘光泉　徐洪祥　刘德强
　　　　王作鹏　秦绪好

委　员：（按姓氏笔画排序）

　　　　马立新　王　军　王　研　王学周　王德才
　　　　毛书朋　冯治广　宁玉富　曲文尧　朱旭刚
　　　　任文娟　任清华　刘　学　刘文娟　刘洪海
　　　　衣文娟　闫丽君　祁　云　许文宪　孙玉林
　　　　牟志华　李　莉　李正吉　杨　忠　连志强
　　　　肖　磊　张　伟　张　震　张文硕　张传勇
　　　　张亦辉　张宗国　张宗宝　张春霞　陈　静
　　　　邵明东　邵淑华　武洪萍　尚玉新　国海涛
　　　　岳宗辉　周　峰　周卫东　郑付联　房　华
　　　　孟英杰　赵儒林　郝　强　徐　建　徐希炜
　　　　常中华　崔玉礼　梁胶东　董善志　程兴琦

秘书长：杨东晓

序

党的二十大报告提出，要"深化教育领域综合改革，加强教材建设和管理"。中国铁道出版社有限公司与山东计算机学会职业教育发展专业委员会以党的二十大精神为引领，在职业教育适应新技术和产业变革需要的大背景下，坚持以科技、行业进步和产业转型发展为驱动，创新教材呈现方式和话语体系，推进教材建设创新发展，努力加快建设中国特色高水平教材，形成引领示范效应，共同策划组织了这套"高等职业教育计算机教育新形态系列教材"。本系列教材在编写思路上进行了充分的调研和精心的设计，主要体现在以下五个方面。

一、坚持正确的政治方向和价值导向。本系列教材本着弘扬劳动光荣、技能宝贵、创造伟大的时代风尚，旨在培养学生精益求精的大国工匠精神，激发学生科技报国的家国情怀和使命担当。

二、遵循职业教育教学规律和人才成长规律。本系列教材符合学生认知特点，体现先进职业教育理念，以真实生产项目、典型工作任务等为载体，体现产业发展的新技术、新工艺、新规范、新标准，反映人才培养模式改革方向，将知识、能力和正确价值观的培养有机结合，适应专业建设、课程建设、教学模式与方法改革创新等方面的需要，满足项目学习、案例学习、模块化学习等不同学习方式要求，有效地激发学生学习兴趣和创新潜能。

三、科学合理编排教材内容。本系列教材设计逻辑严谨、梯度明晰，文字表述规范、准确流畅；名称、术语、图表规范等符合国家有关技术质量标准和规范。

四、集成创新数字化教学资源。本系列教材具有配套建设的数字化资源，包括教学课件、教学案例、教学视频、动画以及试题库等，部分教材具有相应的课程教学平台和教学软件，学生可充分利用现代教育技术手段，提高课程学习效果。同时，将教材建设与课程建设结合起来，努力实现集成创新，深入推进教与学的互动，有利于教师根据教学反馈及时更新与优化教学策略，有效提升课堂的活跃互动程度，真正做到因材施教，做到方便教学、便于推广。

五、构建专家编审组织及产教融合编写团队。本系列教材由全国知名专家、教科研专家、职业教育专家及行业企业的专家组成编审委员会，他们在相关学术领域、教材或教学方面取得有影响的研究成果，熟悉相关行业发展前沿知识与技术，有丰富的教材编写经验，由他们负责对系列教材进行总体思路确立、编写、指导、审稿把关，以确保每种教材的质量。每种教材尽可能科教协同、校企协同、校际协同开展教材编写，并且大部分教材都是具有高级职称的专业带头人或资深专家领衔编写，全面提升教材建设的科学化水平，打造一批满足专业建设要求、支撑人才成长需要、经得起历史和实践检验的精品教材。

  本系列教材内容前瞻、特色明显、资源丰富，是值得关注的一套好教材。希望本系列教材能实现促进计算机专业及技能人才培养质量提升的要求和愿望，为高等职业教育的高质量发展起到推动作用。

2023年1月

前言

党的二十届三中全会公报提出,"教育、科技、人才是中国式现代化的基础性、战略性支撑。必须深入实施科教兴国战略、人才强国战略、创新驱动发展战略,提升国家创新体系整体效能"。培养现代信息技术创新人才,是为当前企业完成数字化转型,提供创新驱动人才支撑的重要举措。

Spring Boot技术在业界的应用非常广泛,特别是在微服务架构、快速应用开发等领域具有卓越表现,在现代软件开发教学中占据着举足轻重的地位。本书不仅顺应了技术发展的趋势,同时也可满足市场对于高素质Java开发工程师的迫切需求。

通过对本书的学习,学生能够掌握Spring Boot的核心概念、关键技术及实战应用。书中丰富的示例代码、详细的步骤解析以及问题解决方案,可引导学生深入理解Spring Boot的每一个细节,并快速将理论知识转化为实际开发能力,为将来在软件开发领域的职业发展奠定坚实基础。

本书在内容取材及安排上具有以下特点:

(1)实战导向,以培养学生能力为主线。通过完成网上商城后台管理系统中的商品及用户等模块,让学生在实践中掌握Spring Boot的精髓。

(2)循序渐进,做到用理论指导实践。从基础概念讲起,逐步深入到高级特性和最佳实践,帮助学生构建完整的知识体系。

(3)任务驱动,培养学生对知识的运用能力。每个项目都设有习题,引导学生主动思考,提高解决实际问题的能力。

本书编写时采用国际通用的图形符号、名词与术语,并利用应用案例反映国内外信息技术的新成就和发展趋势。

本书内容大致分为以下几部分:

项目一介绍Spring Boot及项目构建工具Maven的基础知识,包括环境搭建、项目结构等。

项目二至项目八通过实现登录、商品管理、用户和订单管理等功能,介绍开发中常用的技术栈,如Thymeleaf、Mybatis、PageHelper、Spring MVC等。

项目九讲解Spring Boot整合Redis实现Spring Boot的缓存管理。

项目十讲解Spring Boot整合Spring Security实现Spring Boot的安全管理。

项目十一介绍项目开发中常见的工具，如版本控制工具Git等。

本书采用的软件均为较新版本的开源软件或者试用期软件，并参考了相关软件产品的官方手册，避免了知识的滞后性。书中讲到的所有代码以及其他模块，如商品类别模块、个人信息模块等，可以从代码托管服务器码云中自行下载查阅。

本书由日照职业技术学院牟志华、北京华晟经世信息技术有限公司苏雪霞任主编，日照职业技术学院盛雯雯、北京华晟经世信息技术有限公司尹延波、日照职业技术学院刘维东、山东至信信息科技有限公司代振忠任副主编。具体分工如下：牟志华编写项目一、项目二，苏雪霞编写项目三至项目六，盛雯雯编写项目七、项目八，尹延波编写项目九部分内容及项目十，刘维东编写项目九部分内容，代振忠编写项目十一，配套教学资源由苏雪霞负责编写。全书由牟志华、苏雪霞统稿并定稿，徐玉金主审。

在编写本书的过程中，得到北京华晟经世信息技术有限公司、山东至信信息科技有限公司、北京东方国信科技股份有限公司等单位同仁的大力支持，在此表示衷心的感谢！

尽管我们已经尽力确保本书内容的准确性和实用性，但受限于知识水平和时间精力，书中难免存在疏漏与不妥之处，真诚地欢迎广大读者提出宝贵意见和建议，以便我们不断完善。

编　者

2024年8月

目 录

项目一 实现第一个 Spring Boot 1
- 任务一 认识 Spring Boot 及环境准备 2
- 任务二 用 Maven 工具构建 Spring Boot 项目 11
- 任务三 认识 Maven 20
- 任务四 实现热部署 25

项目二 整合 Mybatis 实现登录功能 31
- 任务一 实现后端向前端页面跳转的功能 32
- 任务二 实现登录页面向后端控制器传值 34
- 任务三 注解形式整合 Mybatis 实现管理员登录 40
- 任务四 使用 Thymeleaf 显示提示信息 47

项目三 实现商品列表显示功能 53
- 任务一 显示商品列表 53
- 任务二 实现页面复用 66
- 任务三 使用 PageHelper 实现商品列表分页 72

项目四 实现商品删除功能 80
- 任务一 实现通过 ID 删除商品功能 80
- 任务二 使用 ajax 实现商品删除功能 86

项目五 实现商品添加和图片上传功能 90
- 任务一 实现商品添加功能 90
- 任务二 实现图片上传功能 100

项目六 实现商品编辑功能 104
- 任务一 实现通过 ID 获取商品功能 104
- 任务二 实现根据 ID 更新商品功能 109

项目七 实现用户管理和订单管理 113
- 任务一 实现会员列表和删除功能 113
- 任务二 实现订单管理功能 127

项目八　使用 Spring MVC 实现常见 Web 功能 147
任务一　实现简单页面跳转功能 147
任务二　实现拦截器功能 149

项目九　实现缓存管理 153
任务一　实现 Spring Boot 默认缓存 154
任务二　实现 Spring Boot 整合 Redis 158

项目十　实现 Spring Boot 安全管理 171
任务一　认识 Spring Security 172
任务二　自定义用户访问控制 174
任务三　使用 Security 管理前端页面 179

项目十一　认识项目中常见工具 182
任务一　使用代码自动生成工具 182
任务二　认识版本控制工具 189
任务三　认识 Lombok 插件 203

参考文献 206

项目一 实现第一个 Spring Boot

Spring Boot是Spring家族的一个子项目，其设计初衷是为了简化Spring的配置，使用户可以轻松地构建独立运行的项目，提高开发效率。本书将从实现一个前端页面开始，到完成案例项目网上商城的商品管理模块，由浅入深地进行Spring Boot框架的学习。

本项目将使用Maven工具创建一个Spring Boot项目，并实现一个输出内容为"Hello"的页面，以及对该项目进行热部署配置。

知识目标

- 理解Spring Boot的特点。
- 掌握如何在Maven中配置远程仓库地址。
- 掌握使用Maven构建Spring Boot项目的基本步骤。
- 理解Maven生命周期的概念。
- 理解自动热部署的概念和原理。

技能目标

- 能够使用Maven构建Spring Boot项目，并管理项目依赖和插件。
- 能够配置自动热部署，提高开发效率。

素养目标

- 具备良好的学习能力和问题解决能力，能够自主学习并掌握Spring Boot相关技术。
- 具备持续学习和探索新技术的热情，保持对技术前沿的敏感度。

任务一　认识 Spring Boot 及环境准备

任务目标

- 理解Spring Boot的特点。
- 通过项目案例介绍，了解贯穿教材的案例实现的功能，如商品管理模块、用户管理模块等。
- 搭建好本书所需要的环境。

任务描述

本任务的主要目标是帮助读者了解和掌握Spring Boot这一开源框架。Spring Boot是一个基于Spring框架的快速应用开发框架，它基于"约定大于配置"的思想，允许用户创建独立的、可执行的Spring应用程序。了解贯穿本书的案例项目要完成的功能，以及完成案例项目所需要的环境准备及数据准备。

相关知识

视频
Spring Boot 简介

一、Spring Boot简介

Spring Boot是Java平台上的一种开源应用框架，用于快速构建独立的、生产级的Spring应用程序。它提供了许多特性和功能，简化了Spring应用程序的开发过程，让开发者能够更快地构建应用程序。

Spring Boot的主要特点和优势如下：

（1）简化配置：Spring Boot提供了自动配置机制，根据项目的依赖和配置自动配置应用程序，减少了手动配置的工作量。

（2）起步依赖：Spring Boot提供了一系列预配置的依赖库，开发者可以通过简单地引入依赖快速构建应用程序。这些依赖库可以自动管理版本冲突和依赖关系，简化了项目的依赖管理。

（3）内嵌服务器：Spring Boot可以选择内嵌Tomcat、Undertow或Jetty等Web服务器，使得应用程序可以独立运行，不需要额外的服务器配置。

（4）生产就绪性：Spring Boot提供了许多特性来提高应用程序的生产就绪性。例如，它支持健康检查、指标监控、外部化配置等，方便应用程序的运维和监控。

（5）强大的开发工具集成：Spring Boot可以与许多开发工具集成，如Maven、Gradle、Eclipse、IntelliJ IDEA等，提供快速开发和调试的体验。

（6）Spring Boot支持构建各种类型的应用程序，包括Web应用程序、RESTful接口、批处理任务、微服务等。它还能与其他Spring项目和第三方库无缝集成，提供更丰富的功能和扩展性。

总之，Spring Boot是一个强大而灵活的框架，使得Spring应用程序的开发更加简单、高效，并提供了丰富的生产就绪特性，适用于各种规模的应用开发。由于它的轻量级和易配置性，Spring Boot

成为开发 RESTful Web 服务、消息服务、数据库服务等的首选框架。因为它提供了丰富的企业级特性，如事务管理、安全性、数据访问等，也被广泛用于企业级应用开发。

Spring Boot强调"约定大于配置"的思想，提供了快速的应用开发和部署方式，大幅减少了开发成本和时间。

二、案例项目介绍

本书选用的贯穿案例是网上商城的后台管理系统，包含登录模块、商品类别模块、商品模块、会员模块等。本书详细介绍登录模块、商品模块［包含商品列表显示（见图1-1）］、商品删除、商品添加（见图1-2）、商品编辑（见图1-3）等功能，以及Spring Boot及Spring Boot与其他框架的整合。

视 频

项目案例介绍

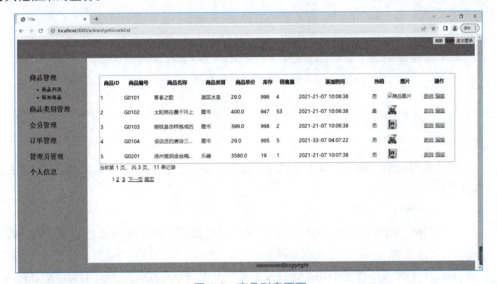

图 1-1　商品列表页面

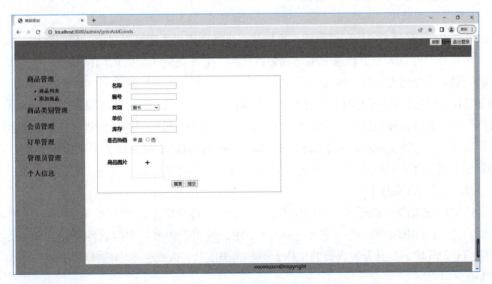

图 1-2　商品添加页面

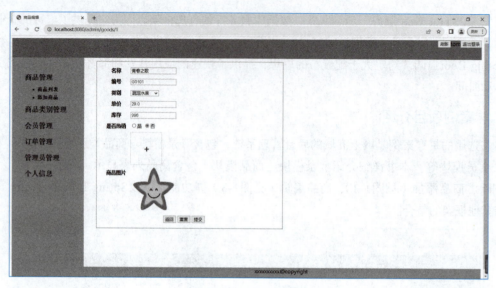

图 1-3　商品编辑页面

三、开发环境准备

1. JDK环境

环境准备

本书采用Spring Boot的版本是3.0.8，这里需要注意的是Spring Boot3.0.8要求JDK版本是17及以上。

2. 数据库

本书案例数据库选用MySQL 8.0.11，读者可以根据需要到MySQL的官网自行下载。

3. 开发工具

IntelliJ IDEA是一款由JetBrains开发的集成开发环境（IDE），用于Java、Kotlin、Groovy和Scala等编程语言的开发。它提供了丰富的功能和工具，旨在提高开发人员的生产力和代码质量。

IntelliJ IDEA具有强大的代码编辑器，支持代码自动完成、语法高亮显示、代码重构、代码导航等功能，可以帮助开发人员更快速地编写和修改代码。它还提供了强大的调试功能，允许开发人员在运行时查看和跟踪代码的执行过程。

IntelliJ IDEA还具有集成的版本控制系统，如Git、SVN和Mercurial，可以方便地进行代码管理和团队协作。它还支持各种构建工具和框架，如Maven和Gradle，可以轻松地构建、测试和部署项目。

除了Java开发之外，IntelliJ IDEA还提供对其他编程语言的支持。例如，可以用于Android应用程序的开发，提供了Android开发工具包（SDK）的集成和调试支持。此外，它还支持JavaScript、HTML、CSS等前端开发技术。

IntelliJ IDEA的功能可以通过安装插件来扩展，开发人员可以根据需求选择适合自己的插件。

总而言之，IntelliJ IDEA是一款功能强大的IDE，适用于各种类型的软件开发，它能够提供高效、便捷的开发环境，提升开发人员的工作效率和代码质量。因此，本书选择使用IntelliJ IDEA开发Spring Boot应用程序。

四、数据准备

本书项目案例需要用到7张表，分别是管理员信息表（adminuser）、管理员权限表（admin_role）、商品类别表（category）、商品信息表（goods）、会员信息表（users）、订单信息表（orders）、订单详情表（orders_item），这7张表的定义语言如下：

```sql
-- 管理员信息表
CREATE TABLE adminuser(
    id INT PRIMARY KEY AUTO_INCREMENT,
    name VARCHAR (30) UNIQUE NOT NULL,
    password VARCHAR(500) NOT NULL,
    enable bit(1) NOT NULL);
);
-- 管理员权限表
CREATE TABLE admin_role(
  id bigint(20) AUTO_INCREMENT,
  username varchar(50),
  role varchar(60) NOT NULL,
  create_time datetime NOT NULL DEFAULT CURRENT_TIMESTAMP(0)
);
-- 商品类别表
CREATE TABLE category(
    id INT PRIMARY KEY AUTO_INCREMENT,
    name VARCHAR(30) NOT NULL
);
-- 商品信息表
CREATE TABLE goods(
    id INT PRIMARY KEY,
    category_id INT,
    code VARCHAR(50) NOT NULL,
    name VARCHAR(50) NOT NULL,
    price DECIMAL(6, 2) NOT NULL DEFAULT 0.00,
    quantity INT NULL DEFAULT 0,
    sale_quantity INT NULL DEFAULT 0,
    addtime TIMESTAMP NULL DEFAULT CURRENT_TIMESTAMP,
    hot TINYINT NULL DEFAULT 0,
    image VARCHAR(255) NULL
);
-- 会员信息表
CREATE TABLE users(
    id int PRIMARY KEY AUTO_INCREMENT,
    login_name varchar(20),
    real_name varchar(30),
```

```sql
    password varchar(500),
    gender char(1),
    birthday date NULL DEFAULT NULL,
    city varchar(50),
    email varchar(50),
    credit int(11) NOT NULL DEFAULT 0 ,
    regtime datetime NOT NULL DEFAULT CURRENT_TIMESTAMP
);
-- 订单信息表
CREATE TABLE orders(
    id int(11) NOT NULL PRIMARY KEY AUTO_INCREMENT,
    user_id int(11) NOT NULL,
    code varchar(20) NOT NULL,
    status tinyint(1) NULL DEFAULT 1 COMMENT '订单状态 1未付款 2 已付款 3已发货 4已签收 5交易失败',
    amount decimal(20, 2) NOT NULL DEFAULT 0.00 ,
    addtime timestamp(0) NOT NULL DEFAULT CURRENT_TIMESTAMP(0)
);
-- 订单详情表
CREATE TABLE orders_item(
    id int(11) NOT NULL AUTO_INCREMENT PRIMARY KEY,
    order_id int(11) NOT NULL,
    goods_id int(11) NOT NULL,
    num int(11) NOT NULL DEFAULT 1
);
```

这里需要注意的是,为了操作方便,没有添加外键约束。为了方便后面测试,分别向这7张表添加一部分测试数据,SQL语句如下:

```sql
-- 管理员信息表
-- admin和lily这两个用户在本书项目十中使用Spring Security进行安全管理时会用到
INSERT INTO adminuser VALUES (1, 'admin', '{bcrypt}$2a$10$s4Gq6Ei8Kx8BhxjZVoVPyew8ztZuCEan6YTVqf2CFH1AkPRORTybq',1);
INSERT INTO adminuser VALUES (2, 'lily', '{bcrypt}$2a$10$s4Gq6Ei8Kx8BhxjZVoVPyew8ztZuCEan6YTVqf2CFH1AkPRORTybq',1);
INSERT INTO adminuser VALUES (3, 'tom', 'e10adc3949ba59abbe56e057f20f883e',1);
-- 管理员权限表
INSERT INTO admin_role VALUES (1, 'admin', 'ROLE_ADMIN', '2023-07-07 01:21:15');
INSERT INTO admin_role VALUES (2, 'lily', 'ROLE_USER', '2023-07-07 01:23:33');
INSERT INTO admin_role VALUES (3, 'tom', 'ROLE_COM', '2024-08-02 16:08:00');
-- 商品类别表
INSERT INTO category VALUES(1, '图书');
```

```sql
INSERT INTO category VALUES(2, '乐器');
INSERT INTO category VALUES(3, '蔬菜水果');
INSERT INTO category VALUES(4, '电脑及配件');
INSERT INTO category VALUES(5, '家用电器');
-- 商品信息表
INSERT INTO goods VALUES(1, 1, 'G0101', '青春之歌', 29.00, 996, 4, '2021-06-07 10:21:38', 0, '/local/image/goods/aaa.jpg');
INSERT INTO goods VALUES(2, 1, 'G0102', '太阳照在桑干河上', 400.00, 947, 53, '2021-06-07 10:21:38', 1, '/local/image/goods/test1.jpg');
INSERT INTO goods VALUES(3, 1, 'G0103', '钢铁是怎样炼成的', 399.00, 998, 2, '2021-06-07 10:21:38', 0, '/local/image/goods/test2.jpg');
INSERT INTO goods VALUES(4, 1, 'G0104', '会说话的唐诗三百首幼儿早教点读发声书完整版300首全集撕不烂唐诗300首儿童有声', 29.00, 995, 5, '2021-08-07 16:33:22', 0, '/local/image/goods/test1.jpg');
INSERT INTO goods VALUES(5, 2, 'G0201', '扬州雅润金丝楠木专业演奏古筝琴初学者考级10级兰考实木泡桐乐器', 3580.00, 19, 1, '2021-08-07 10:21:38', 0, '/local/image/goods/test2.jpg');
INSERT INTO goods VALUES(6, 2, 'G0202', '海邦电钢琴重锤88键家用钢琴初学者电子琴专业幼师考级电子钢琴', 1088.00, 97, 3, '2021-08-07 10:21:38', 0, '/local/image/goods/test1.jpg');
INSERT INTO goods VALUES(7, 3, 'G0301', '国联水产大虾鲜活速冻海鲜生鲜盐冻冷冻虾超大号白对虾沙特虾2KG', 294.40, 959, 41, '2021-09-07 16:31:12', 1, '/local/image/goods/test2.jpg');
INSERT INTO goods VALUES(8, 3, 'G0302', '现挖鱼腥草野菜生鲜折耳根新鲜带叶子贵州特产嫩芽凉拌下饭菜四川', 25.80, 989, 11, '2021-09-23 15:47:10', 0, '/local/image/goods/test1.jpg');
INSERT INTO goods VALUES(9, 3, 'G0303', '鱿鱼鲜活新鲜超大鱿鱼须生鲜铁板烧烤海鲜冷冻批发尤鱼串花头', 69.90, 985, 15, '2021-09-30 12:25:55', 0, '/local/image/goods/test2.jpg');

-- 会员信息表
INSERT INTO users VALUES(1, '13591112598', '李长江', '{bcrypt}$2a$10$s4Gq6Ei8Kx8BhxjZVoVPyew8ztZuCEan6YTVqf2CFH1AkPRORTybq', '男', '2005-01-07', '青岛', 'lichangjaing@sina.com', 34, '2021-09-23 00:00:00');
INSERT INTO users VALUES(3, '19822333563', '张达', '{bcrypt}$2a$10$s4Gq6Ei8Kx8BhxjZVoVPyew8ztZuCEan6YTVqf2CFH1AkPRORTybq', '男', '2000-03-01', '南京', '127582934@qq.com', 11, '2021-09-08 00:00:00');
INSERT INTO users VALUES(4, '13598742685', '盛开', '{bcrypt}$2a$10$s4Gq6Ei8Kx8BhxjZVoVPyew8ztZuCEan6YTVqf2CFH1AkPRORTybq', '男', '1994-04-20', '湖北',, 58, '2021-09-10 00:00:00');
INSERT INTO users VALUES(5, '15752369842', '安可欣', '{bcrypt}$2a$10$s4Gq6Ei8Kx8BhxjZVoVPyew8ztZuCEan6YTVqf2CFH1AkPRORTybq', '女', '1989-09-21', '广州', '24596325@qq.com', 8, '2021-09-10 00:00:00');
```

```sql
INSERT INTO `users` VALUES(6, '17247536915', '刘小胖', '{bcrypt}$2a$10$s4Gq6Ei8Kx8BhxjZVoVPyew8ztZuCEan6YTVqf2CFH1AkPRORTybq', '女', '1985-09-24', '长沙', '2157596@qq.com', 54, '2021-09-22 00:00:00');
INSERT INTO users VALUES(7, '14245739214', '马菲菲', '{bcrypt}$2a$10$s4Gq6Ei8Kx8BhxjZVoVPyew8ztZuCEan6YTVqf2CFH1AkPRORTybq', '男', '2000-02-19', '北京', '225489365@qq.com', 34, '2021-09-06 00:00:00');
INSERT INTO users VALUES(8, '17132954782', '冯子皓', '{bcrypt}$2a$10$s4Gq6Ei8Kx8BhxjZVoVPyew8ztZuCEan6YTVqf2CFH1AkPRORTybq', '女', '1994-01-11', '济南', 'feng@163.com', 23, '2021-09-10 00:00:00');
INSERT INTO users VALUES (9, '15974269513', '陈晓丽', '{bcrypt}$2a$10$s4Gq6Ei8Kx8BhxjZVoVPyew8ztZuCEan6YTVqf2CFH1AkPRORTybq', '女', '2001-07-23', '北京', '2159635874@qq.com', 56, '2021-10-10 00:00:00');
INSERT INTO users VALUES(10, '17554289375', '韩明', '{bcrypt}$2a$10$s4Gq6Ei8Kx8BhxjZVoVPyew8ztZuCEan6YTVqf2CFH1AkPRORTybq', '男', '2002-12-23', '北京', '2459632@qq.com', 34, '2021-10-10 00:00:00');
INSERT INTO users VALUES(11, '18875236942', '马达', '{bcrypt}$2a$10$s4Gq6Ei8Kx8BhxjZVoVPyew8ztZuCEan6YTVqf2CFH1AkPRORTybq', '女', '2002-09-12', '广州', '25578963@qq.com', 237, '2021-09-13 00:00:00');
INSERT INTO users VALUES(12, '14652149635', '王明', '{bcrypt}$2a$10$s4Gq6Ei8Kx8BhxjZVoVPyew8ztZuCEan6YTVqf2CFH1AkPRORTybq', '男', '2001-04-07', '哈尔滨', '2225478@qq.com', 67, '2021-09-23 00:00:00');

-- 订单信息表
INSERT INTO orders  VALUES(1, 1, 'O240912082615101', 1, 183.00, '2024-09-12 08:26:15');
INSERT INTO orders  VALUES(3, 4, 'O240912082615103', 3, 549.00, '2024-09-12 08:26:15');
INSERT INTO orders  VALUES(4, 11,'O240912082615104', 4, 494.00, '2024-09-12 08:26:15');
INSERT INTO orders  VALUES(5, 6, 'O240912082615105', 5, 5400.00,'2024-09-12 08:26:15');
INSERT INTO orders  VALUES(6, 7, 'O240912082615106', 1, 98.00, '2024-09-12 08:26:15');
INSERT INTO orders  VALUES(7, 8, 'O240912082615107', 2, 3299.00,'2024-09-12 08:26:15');
INSERT INTO orders  VALUES(8, 9, 'O240912082615108', 3, 407.00, '2024-09-12 08:26:15');
INSERT INTO orders  VALUES(9, 1, 'O240912065632109', 4, 530.00, '2024-09-12 18:56:32');
INSERT INTO orders  VALUES(10, 12,'O240912065632110', 5, 486.00, '2024-09-12 18:56:32');
INSERT INTO orders  VALUES(12, 8, 'O240912065632112', 1, 196.00, '2024-09-12 18:56:32');
```

```sql
INSERT INTO orders   VALUES(13, 9, 'O240912065632113', 1, 255.00, '2024-09-12 18:56:32');
INSERT INTO orders   VALUES(14, 1, 'O240913102745114', 1, 16.00,  '2024-09-13 10:27:45');
INSERT INTO orders   VALUES(15, 6, 'O240913102745115', 1, 12.00,  '2024-09-13 10:27:45');
INSERT INTO orders   VALUES(16, 5, 'O240913102745116', 1, 80.00,  '2024-09-13 10:27:45');
INSERT INTO orders   VALUES(18, 7, 'O240913081530118', 1, 98.00,  '2024-09-13 20:15:30');
INSERT INTO orders   VALUES(19, 7, 'O240913081530119', 1, 860.00, '2024-09-13 20:15:30');
INSERT INTO orders   VALUES(20, 12,'O240913081530120', 1, 144.00, '2024-09-13 20:15:30');
INSERT INTO orders   VALUES(21, 11,'O240913081530121', 1, 1880.00,'2024-09-13 20:15:30');
INSERT INTO orders   VALUES(23, 4, 'O240913081530123', 1, 16.00,  '2024-09-13 20:15:30');
INSERT INTO orders   VALUES(24, 8, 'O240914043320124', 1, 16.00,  '2024-09-14 16:33:20');
INSERT INTO orders   VALUES(25, 1, 'O240914043320125', 1, 8.00,   '2024-09-14 16:33:20');
INSERT INTO orders   VALUES(26, 4, 'O240914043320126', 1, 38.00,  '2024-09-14 16:33:20');

-- 订单详情表
INSERT INTO orders_item VALUES(1, 1, 1, 3);
INSERT INTO orders_item VALUES(2, 1, 2, 1);
INSERT INTO orders_item VALUES(3, 1, 4, 1);
INSERT INTO orders_item VALUES(4, 2, 7, 3);
INSERT INTO orders_item VALUES(5, 2, 8, 2);
INSERT INTO orders_item VALUES(6, 2, 9, 4);
INSERT INTO orders_item VALUES(7, 2, 4, 1);
INSERT INTO orders_item VALUES(8, 3, 6, 1);
INSERT INTO orders_item VALUES(9, 4, 2, 1);
INSERT INTO orders_item VALUES(10, 4, 10, 1);
INSERT INTO orders_item VALUES(11, 5, 2, 30);
INSERT INTO orders_item VALUES(12, 5, 11, 30);
INSERT INTO orders_item VALUES(13, 6, 7, 10);
INSERT INTO orders_item VALUES(14, 6, 9, 3);
INSERT INTO orders_item VALUES(15, 7, 5, 1);
INSERT INTO orders_item VALUES(16, 8, 2, 1);
INSERT INTO orders_item VALUES(17, 8, 3, 1);
```

```sql
INSERT INTO orders_item VALUES(18, 8, 4, 2);
INSERT INTO orders_item VALUES(19, 9, 7, 5);
INSERT INTO orders_item VALUES(20, 9, 8, 5);
INSERT INTO orders_item VALUES(21, 10, 10, 1);
INSERT INTO orders_item VALUES(22, 10, 11, 1);
INSERT INTO orders_item VALUES(23, 11, 6, 1);
INSERT INTO orders_item VALUES(24, 12, 8, 2);
INSERT INTO orders_item VALUES(25, 13, 3, 1);
INSERT INTO orders_item VALUES(26, 14, 7, 2);
INSERT INTO orders_item VALUES(27, 15, 9, 2);
INSERT INTO orders_item VALUES(28, 16, 7, 10);
INSERT INTO orders_item VALUES(29, 17, 4, 1);
INSERT INTO orders_item VALUES(30, 17, 1, 1);
INSERT INTO orders_item VALUES(31, 18, 8, 1);
INSERT INTO orders_item VALUES(32, 19, 11, 10);
INSERT INTO orders_item VALUES(33, 20, 7, 5);
INSERT INTO orders_item VALUES(34, 20, 8, 1);
INSERT INTO orders_item VALUES(35, 20, 9, 1);
INSERT INTO orders_item VALUES(36, 21, 2, 20);
INSERT INTO orders_item VALUES(37, 22, 6, 1);
INSERT INTO orders_item VALUES(38, 23, 7, 2);
INSERT INTO orders_item VALUES(39, 24, 7, 2);
INSERT INTO orders_item VALUES(40, 25, 7, 1);
INSERT INTO orders_item VALUES(41, 26, 7, 1);
INSERT INTO orders_item VALUES(42, 26, 9, 5);
```

任务实施

开发环境所介绍的各种软件，可到官网下载安装，用户可以将本书案例用到的数导入MySQL数据库中，方便在后面的项目中使用。具体步骤如下：

（1）打开命令行工具，连接到MySQL数据库服务器，输入密码后，进入MySQL提示符，如图1-4所示。

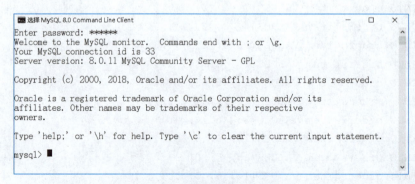

图 1-4　MySQL 命令行工具

项目一　实现第一个 Spring Boot　11

（2）在MySQL提示符下，输入如下代码，创建数据库实例shop2023。

```
create database shop2023;
```

（3）输入如下命令，选择shop2023数据库。

```
use shop2023;
```

（4）输入如下命令，执行SQL脚本，脚本内容为该任务数据准备当中的SQL语句（该脚本在教材的配套资源中），如图1-5所示。

```
source C:\Users\sun\Desktop\shop2023.sql
```

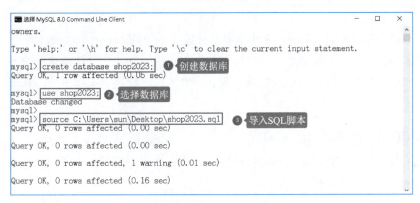

图 1-5　MySQL 命令行工具

另外，用户也可以使用第三方的工具进行数据导入，这里不再赘述。

任务二　用 Maven 工具构建 Spring Boot 项目

任务目标

- 掌握使用Maven构建Spring Boot项目的方法。
- 掌握Maven项目的目录结构。
- 掌握@SpringBootApplication、@Controlle、@GetMapping、@ResponseBody等注解。

任务描述

本任务将带领读者使用Maven工具构建一个Spring Boot项目，并能够正确运行该项目，在页面输出"Hello Spring Boot"。

相关知识

一、spring-boot-starter-parent

spring-boot-starter-parent是Spring Boot应用程序的默认依赖项管理器。它提供了一种约定和标准的项目结构，有助于简化Spring Boot应用程序的配置和构建过程。

该依赖项管理器作为Spring Boot项目的父项目，主要包含了两部分的支持：

（1）默认的依赖管理：Spring Boot定义了许多默认的依赖，可避免手动引入每个依赖的版本。

（2）默认的插件配置：Spring Boot 配置了常用的Maven插件，如compiler插件的Java版本、resources插件处理资源文件等。

在Spring Boot中，当创建项目时，基本都会选择继承spring-boot-starter-parent项目，可避免手动管理依赖项版本和插件版本的复杂性，并且可获得Spring Boot的许多默认设置和约定。当然，这并不是必需的。如果不想使用Spring Boot的默认配置，也可自己管理依赖和插件，Spring Boot并不会强制使用它。

二、spring-boot-starter-web

spring-boot-starter-web是Spring Boot提供的Web相关的默认依赖项，它提供了构建Web应用程序所需的关键依赖项，简化了Web应用程序的开发。

该依赖项提供以下功能：

（1）Spring MVC框架：Spring MVC是Spring框架的一个模块，它提供了一个基于MVC（模型-视图-控制器）的Web应用程序框架。通过使用Spring MVC，可以轻松地构建RESTful风格的Web服务或者基于HTML的Web应用程序。

（2）Tomcat嵌入式服务器：Tomcat是一个流行的Java Web服务器，spring-boot-starter-web提供了一个内置的Tomcat嵌入式服务器，无须单独安装和配置Tomcat。

（3）Jackson JSON处理：Jackson是一个Java库，用于将Java对象转换为JSON格式，并将JSON转换为Java对象。它是Spring Boot默认的JSON处理库，可以轻松地将Java对象与Web服务交互中的JSON数据进行转换。

Spring Boot自动配置：spring-boot-starter-web包含许多与Web应用程序相关的自动配置类，如DispatcherServlet、ContentNegotiatingViewResolver、HttpEncodingAutoConfiguration等。通过使用spring-boot-starter-web依赖项，可以快速启动Web应用程序的开发，并在无须个性化配置的情况下，使用Spring Boot的默认设置和约定。

三、@SpringBootApplication注解

@SpringBootApplication是Spring Boot的核心注解，它是一个复合注解，主要组合了@Configuration、@EnableAutoConfiguration、@ComponentScan。

首先了解一下@Configuration、@EnableAutoConfiguration、@ComponentScan这三个注解。

（1）@Configuration：表示程序可以通过注解定义Bean。在程序中，可能会有很多自定义的

Bean，然后在使用的地方添加@Autowired就可以使用。配置类可以是主程序类，也可以是单独的配置类。

（2）@EnableAutoConfiguration：打开自动配置功能，也可以关闭某个特定的自动配置选项，如关闭数据源自动配置功能：

```
@SpringBootApplication(exclude = { DataSourceAutoConfiguration.class })
```

Spring Boot在启动时会自动根据jar包依赖添加常用配置，自动配置的设计目标是不需要进行XML配置，也无须手写大量常见容器和第三方库类的Integration代码。一个简单的@EnableAutoConfiguration注解就能够自动装配出项目运行所需的bean。

（3）@ComponentScan：会扫描当前包及其子包下被@Component、@Repository、@Service、@Controller注解标记的类并纳入spring容器中进行管理。该注解允许通过basePackages等属性指定扫描的基础包。

一般将@SpringBootApplication这个注解放在主类上，作为应用程序的入口点。在使用@SpringBootApplication注解后，Spring Boot应用程序将自动执行以下操作：

（1）扫描主类所在的包及其子包，查找带有注解的类。
（2）根据类路径和已加载的类，自动配置Spring应用程序。
（3）启动嵌入式的Web服务器，如Tomcat或Undertow。
（4）注册Spring Bean和其他组件。
（5）运行应用程序。

综合来看，@SpringBootApplication注解可以用于简化Spring Boot应用程序的初始化配置，它将自动启动Spring Boot的自动配置机制和组件扫描功能，同时提供了一种基于Java代码的配置方式来管理和注册应用程序中的Bean组件，从而提高了应用的可维护性和扩展性。

四、SpringApplication.run()方法

SpringApplication.run()方法是Spring Boot框架的启动方法，其主要作用是启动Spring Boot应用。

这个方法接收两个参数：第一个是主程序类的Class对象；第二个是传递给主程序的参数。该方法会返回一个ApplicationContext对象，这代表了Spring的应用上下文，通过这个对象可以获取Spring容器中的所有Bean。

当运行SpringApplication.run()方法后，Spring Boot会自动扫描主程序所在包及其子包里的Spring组件，然后进行初始化和装配，最后启动内置的Tomcat服务器，让应用可以对外提供服务。

特别是对于基于Spring Boot的Web应用，SpringApplication.run()方法是程序的入口点，所有的功能都从这个方法开始运行。

五、@Controller注解

@Controller注解是Spring MVC中的一个核心注解，用于标记一个类为Spring MVC的控制器类。

控制器类是处理请求和响应的核心部分，它负责接收客户端的请求，并根据请求的内容执行相应的业务逻辑，并返回响应给客户端。

@Controller注解标注在一个类上，这个类就成为一个控制器类。Spring MVC 将会扫描带有

@Controller注解的类，并根据配置的URL映射来将请求分发到相应的控制器方法上。这些方法可以返回的类型包括String、ModelAndView、void等，方法参数也可以根据需要以不同的方式注入。例如：

```
@Controller
public class HelloCtrl{
    @RequestMapping("/hello")
    public String hello(){
        return "hi";
    }
}
```

在这个例子中，HelloCtrl就是一个控制器类。当用户发送一个请求URL为/hello的请求时，hello()方法就会被调用，然后返回一个String类型的视图名，即"hi"。

此外，还有一个与@Controller类似的注解@RestController，它结合了@Controller和@ResponseBody的功能，适用于返回JSON或XML等数据格式的RESTful Web服务。

六、@GetMapping注解

@GetMapping注解是Spring MVC中的一个注解，该注解是@RequestMapping注解的一个简化版本，专门用来处理HTTP的GET请求。

@GetMapping注解标注在一个方法上，表示该方法用于处理对应的HTTP GET请求。可以在@GetMapping注解中指定一个或多个URL。例如：

```
@Controller
public class HelloCtrl{
    @GetMapping("/hello")
    public String hello(){
        return "hi";
    }
}
```

在这个例子中，当用户通过HTTP GET方式访问/hello路径时，Spring MVC就会调用hello()方法处理请求，然后返回一个String类型的视图名，即"hi"。

七、@ResponseBody注解

@ResponseBody注解是Spring MVC中的一个注解，主要用于将Controller的方法返回的对象通过适当的转换器转换为指定的格式（如json、xml等），并写入到HTTP响应(Response)的body部分。

通常在使用@ResponseBody注解时，都会配合使用@RequestMapping或者@GetMapping、@PostMapping等注解，用于指定处理的URL。类或方法上标识@ResponseBody表示方法的返回结果直接写入HTTP响应的body中，一般在异步获取数据时使用。例如：

```
@Controller
public class HelloCtrl{
    @ResponseBody
```

```
    @GetMapping("/hello")
    public String hello(){
        return "你好,Spring Boot";
    }
}
```

在这个例子中，对hello()方法进行了@GetMapping和@ResponseBody的注解，表示这是一个处理GET请求的方法，同时方法返回的字符串"你好，Spring Boot"将直接写入HTTP响应的body，而不是被视图解析器处理。因此，如果通过浏览器访问/hello这个URL，将直接看到"你好，Spring Boot"显示在浏览器中。

任务实施

Spring Boot项目的构建方式有很多种，下面将讲解如何使用Maven方式构建Spring Boot项目。具体步骤如下：

一、创建Maven项目

（1）在IntelliJ IDEA编辑器中，选择File→New→Project命令，如图1-6所示。

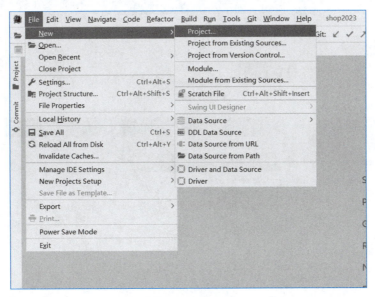

图1-6 菜单选择

在图1-7所示对话框中，左侧罗列的是可以选择创建的项目类型，右侧是不同项目对应的设置界面。选择Maven选项，右侧选择当前项目所需要的JDK（如果没有需要先安装），单击Next按钮进入下一步。

（2）在图1-8所示对话框中，Name用于指定项目名称；Location用于指定项目存储的路径。Artifact Coordinates是用于唯一标识一个Maven项目或构件的坐标系统，在本项目案例中直接采用默认值。单击Finish按钮完成项目的创建。

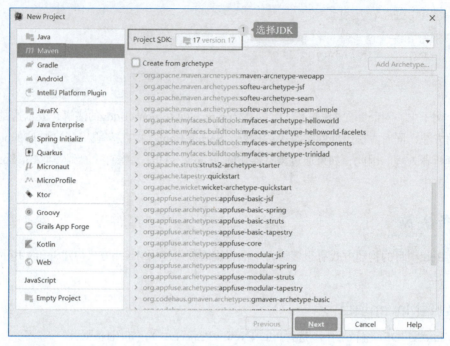

图 1-7　项目类型选择

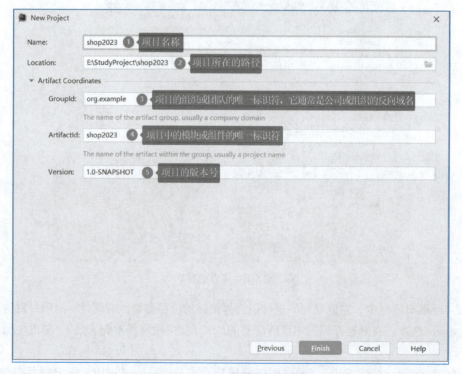

图 1-8　Maven 项目创建对话框

至此，使用Maven创建项目已经完成，默认会打开pom.xml文件，如图1-9所示。这是Maven的核心配置文件，与构建过程相关的一切设置都在这个文件中进行配置。

项目一　实现第一个 Spring Boot

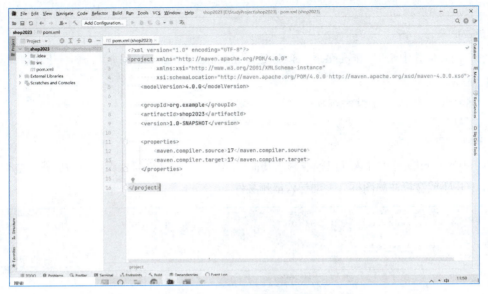

图 1-9　Maven 项目效果完成图

创建完成的Maven项目目录如图1-10所示。但是该项目只是一个空的Maven项目，要构建Spring Boot项目，还需要进行一些其他配置。

创建完成的Maven项目每个目录结构的解析如下：

- src：源文件目录。
- src/main：主程序目录。
- src/main/java：用于存放项目的Java 源代码文件。
- src/main/resources：用于存放项目的资源文件，如配置文件XML文件等。
- src/test：存放项目的测试代码文件。
- target：存放编译、打包生成的项目。

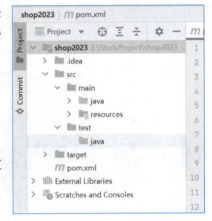

图 1-10　Maven 项目目录结构

- pom.xml：项目的核心配置文件，定义了项目的基本信息、依赖关系等。

Maven主要负责项目的自动化构建，以编译为例，Maven要想自动进行编译，就必须知道Java的源文件保存在哪里，按照图1-10约定之后，不用手动指定位置，Maven就能知道位置，从而帮助人们完成自动编译。

二、添加Spring Boot相关依赖

打开shop2023项目下的pom.xml文件，在该文件中添加构建Spring Boot项目和Web场景开发对应的依赖。

在<project>标签中添加Spring Boot依赖：

```
<parent>
    <groupId>org.springframework.boot</groupId>
    <artifactId>spring-boot-starter-parent</artifactId>
```

```
            <version>3.0.8</version>
    </parent>
```

在<project>标签中添加< dependencies >标签，在<dependencies>中添加Web场景依赖启动器：

```
<dependency>
    <groupId>org.springframework.boot</groupId>
    <artifactId>spring-boot-starter-web</artifactId>
</dependency>
```

在项目pom.xml文件中导入新依赖或修改其他内容后，依赖文件可能无法自动加载，这时就可以单击图1-11中①或②标注的图标，手动导入依赖文件。

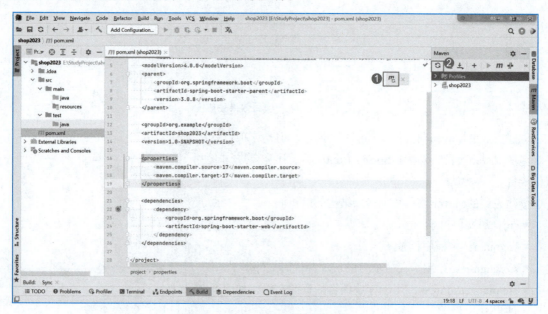

图 1-11　Maven 导包效果图

三、创建Spring Boot应用启动类

在shop2023项目的src目录下创建一个名称为com.test的包，在该包下创建应用程序的启动类Shop2023Application，代码如下：

```
package com.test;

import org.springframework.boot.SpringApplication;
import org.springframework.boot.autoconfigure.SpringBootApplication;

@SpringBootApplication
public class Shop2023Application{
    public static void main(String[] args){
        SpringApplication.run(Shop2023Application.class);
    }
}
```

项目一　实现第一个 Spring Boot　19

在上述代码中，@SpringBootApplication注解，用于启动Spring Boot应用程序。它告诉Spring Boot根据默认配置去扫描和加载类，并自动配置Spring应用程序。

另外，在main()方法中，SpringApplication.run()方法是程序的入口点，所有的功能都从这个方法开始运行。

四、创建Controller用于Web访问

在com.test包下创建名称为controller的包，在该包下创建一个名称为HelloCtrl的请求处理控制类，并编写一个请求处理的方法，代码如下：

```java
package com.test.controller;

import org.springframework.stereotype.Controller;
import org.springframework.web.bind.annotation.GetMapping;
import org.springframework.web.bind.annotation.ResponseBody;

@Controller
public class HelloCtrl{
    @ResponseBody
    @GetMapping("/hello")
    public String sayHello(){
        return "Hello Spring Boot";
    }
}
```

五、启动测试

运行主程序启动类Shop2023Application，项目启动成功后，如图1-12所示。在控制台上会发现Spring Boot项目默认启动的端口号为8080，此时，可以在浏览器上访问http://localhost:8080/hello，如图1-13所示。

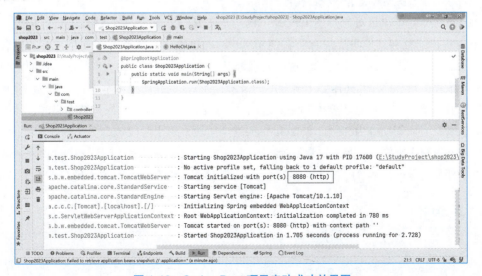

图1-12　Spring Boot 项目启动成功效果图

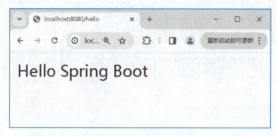

图 1-13　测试结果

从图1-13中可以看出，页面输出的内容是"Hello Spring Boot"。至此，就完成了一个简单的Spring Boot项目。

任务三　认识 Maven

任务目标

- 理解使用Maven构建项目的优点。
- 熟悉Maven的POM文件。
- 理解Maven的坐标。
- 了解Maven的仓库。
- 掌握Maven的生命周期。

任务描述

在任务二中，能够很快地搭建一个Spring Boot项目，Maven扮演了至关重要的角色。本任务的主要目标是帮助读者掌握Maven这一项目构建工具。

Maven是一个基于项目对象模型（POM）的构建工具，POM是一个XML文件，描述了项目的依赖关系、构建配置和其他重要信息。在使用Maven的过程中，需要掌握项目坐标的概念，包括groupId、artifactId和version三个元素，这些元素可以唯一标识一个项目或者模块，同时也可以用来管理项目的依赖关系。此外，还需要了解仓库的概念，Maven的仓库分为本地仓库和远程仓库。本地仓库是保存在本机上的，而远程仓库则是通过网络下载的。在使用Maven构建项目时，需要遵循生命周期的概念，生命周期分为clean、default和site三个阶段，每个阶段包含多个插件和目标，Maven会按照预定义的顺序来执行这些插件和目标。

通过本任务的学习，读者可对Maven的重要概念和使用方法有更深入的了解。

相关知识

一、Maven概述

Maven是一个项目管理工具，可以对Java项目进行自动化的构建和依赖管理。Maven包含了一个项目对象模型、一组标准集合、一个项目生命周期、一个依赖管理系统，以及用来运行定义在生命周期阶段中插件目标的逻辑。

二、使用Maven构建工具的原因

（1）一个项目就是一个工程，如果项目非常庞大，就不适合使用package来划分模块，最好是每一个模块对应一个工程，利于分工协作。借助于Maven就可以将一个项目拆分成多个工程

（2）项目中使用jar包，需要复制、粘贴到项目的lib中。同样，jar包重复地出现在不同的项目工程中，需要不停地做复制、粘贴工作。借助于Maven，可以将jar包保存在"仓库"中，不管在哪个项目中只要使用引用即可。

（3）需要jar包时每次都要自己准备或到官网下载，借助于Maven可以使用统一的规范方式下载jar包。

（4）不同的项目在使用jar包时，有可能会导致各个项目的jar包版本不一致，导致出现未执行错误。借助于Maven，所有的jar包都放在"仓库"中，所有的项目都使用仓库的一份jar包。

（5）一个jar包依赖其他的jar包需要手动加入项目中，借助于Maven，可自动地将依赖的jar包导入项目，不再需要自己导入。

三、认识POM

POM（project object model，项目对象模型）是Maven的基本组件，它是以xml文件的形式存放在项目的根目录下，名称为pom.xml。

POM中定义了项目的基本信息，用于描述项目如何构建、声明项目依赖等。当Maven执行一个任务时，会先查找当前项目的POM文件，读取所需的配置信息，然后执行任务。在POM中可以设置如下配置：项目依赖、插件、目标、构建时的配置文件、版本、开发者、邮件列表。

在创建POM之前，首先要确定工程组（groupId）及其名称（artifactId）和版本，在仓库中这些属性是项目的唯一标识。POM文件示例如下：

```
<?xml version="1.0" encoding="UTF-8"?>
<project xmlns="http://maven.apache.org/×××/4.0.0"
    xmlns:xsi="http://www.w3.org/××××/XMLSchema-instance"
    xsi:schemaLocation="http://maven.apache.org/×××/4.0.0 http://maven.apache.org/×××/maven-4.0.0.xsd">
    <modelVersion>4.0.0</modelVersion>
    <groupId>org.example</groupId>
    <artifactId>shop2023</artifactId>
    <version>1.0-SNAPSHOT</version>
</project>
```

所有的Maven项目都有一个POM文件，所有的POM文件都必须有project元素和三个必填字段：groupId、artifactId以及version。

（1）groupId：定义了项目的组织或团队的唯一标识符。它通常是公司或组织的反向域名，以确保全球唯一性。例如，org.springframework.boot是Spring Boot项目的groupId。

（2）artifactId：定义了项目中的模块或组件的唯一标识符。它是项目内部不同模块或组件的区分标志。例如，spring-boot-starter-web是Spring Boot Web启动器的artifactId。

（3）version：定义了项目的版本号，用于区分项目的不同发布版本。版本号通常采用"主版本号.次版本号.修订号"的格式，如3.0.8。

在Maven中，任何一个依赖、插件或者项目构建的输出，都可以称为构件。在Maven世界中存在着数十万甚至数百万构件，在引入坐标概念之前，当用户需要使用某个构件时，只能去对应的网站查找，但各个网站的风格迥异，这使得用户将大量的时间浪费在搜索和查找上，严重地影响了研发效率。为了解决这个问题，于是引入了Maven坐标的概念。

四、Maven坐标

Maven坐标规定：世界上任何一个构件都可以使用 Maven 坐标并作为其唯一标识，Maven 坐标包括 groupId、artifactId、version、packaging 等元素，只要用户提供了正确的坐标元素，Maven就能找到对应的构件。

任何一个构件都必须明确定义自己的坐标，这是Maven的强制要求，任何构件都不能例外。在开发Maven项目时，也需要为其定义合适的坐标，只有定义了坐标，其他项目才能引用该项目生成的构件。例如，MySQL数据库驱动的坐标如下：

```xml
<!--mysql数据库驱动-->
<dependency>
    <groupId>mysql</groupId>
    <artifactId>mysql-connector-java</artifactId>
    <version>8.0.11</version>
</dependency>
```

Maven坐标的主要元素说明如下：

（1）groupId：项目组ID，定义当前 Maven 项目隶属的组织或公司，通常是唯一的。它的取值一般是项目所属公司或组织的网址或URL的反写，如该项目属于日照职业技术学院，组织ID可以写为cn.rzpt。

（2）artifactId：项目ID，通常是项目的名称。

（3）version：版本。

（4）packaging：项目的打包方式，默认值为jar。

Maven在某个统一的位置存储所有项目的构件，这个统一的位置就称为仓库。换言之，仓库就是存放依赖和插件的地方。任何构件都有唯一的坐标，该坐标定义了构件在仓库中的唯一存储路径。当 Maven 项目需要某些构件时，只要其 POM 文件中声明了这些构件的坐标，Maven就会根据这些坐标自动到仓库中找到并使用它们。项目构建完成生成的构件，也可以安装或者部署到仓库中，供其他项目使用。

五、Maven坐标仓库

Maven仓库可以分为2个大类：本地仓库、远程仓库。

当Maven根据坐标查找构件时，会首先查看本地仓库，若本地仓库存在此构件，则直接使用；

项目一　实现第一个 Spring Boot

若本地仓库不存在此构件，Maven 就会去远程仓库查找，若发现所需的构件，则下载到本地仓库使用。如果本地仓库和远程仓库都没有所需的构件，Maven就会报错。

（1）本地仓库：在安装Maven后并不会创建，它是在第一次执行maven命令时才被创建，实际上就是本地计算机上的一个目录（文件夹）。

Maven本地仓库可以存储本地所有项目所需的构件。当Maven项目第一次进行构建时，会自动从远程仓库搜索依赖项，并将其下载到本地仓库中。当项目再进行构建时，会直接从本地仓库搜索依赖项并引用，而不会再次向远程仓库获取。

Maven本地仓库默认地址为C:\%USER_HOME%\.m2\repository，但出于某些原因（如 C 盘空间不够），通常会重新自定义本地仓库的位置。这时需要修改%MAVEN_HOME%\conf目录下的settings.xml文件，通过localRepository元素定义另一个本地仓库地址。例如：

```
<settings xmlns="http://maven.apache.org/SETTI×××/1.0.0"
xmlns:xsi="http://www.w3.org/××××/XMLSchema-instance"
xsi:schemaLocation="http://maven.apache.org/SETTI×××/1.0.0
http://maven.apache.org/×××/settings-1.0.0.xsd">
    <localRepository>D:/myRepository/repository</localRepository>
</settings>
```

（2）远程仓库：远程仓库还可以分为3个小类：中央仓库、私服、其他公共库。

Maven中央仓库是由Maven社区提供的仓库，其中包含了大量常用的库。

Maven中央仓库地址举例：
- maven.apache.org中央仓库（Maven默认的中央仓库）。
- 阿里云中央仓库。
- 腾讯云中央仓库。

私服是一种特殊的远程仓库，它通常设立在局域网内，用来代理所有外部的远程仓库。它的优点是可以节省带宽，比外部的远程仓库更加稳定。

除了中央仓库和私服外，还有很多其他公共仓库，如JBoss Maven 库、Java.net Maven 库等。

六、Maven构建生命周期

Maven构建生命周期定义了一个项目构建和发布的过程。它基于一套生命周期模型，这个模型定义了Maven在项目构建过程中执行的一系列阶段。

Maven的生命周期分为3个主要阶段：Clean、Default和Site。每个阶段包含一系列构建目标，在执行某个阶段时，会按照预定的顺序依次执行目标。

（1）Clean生命周期：主要用于项目的清理工作。它包含了与清理相关的目标，如删除生成的目录和文件等。它的主要目标是确保项目的干净状态，可以方便地进行下一次构建。

主要目标如下：
- pre-clean：执行一些在清理之前需要完成的工作。
- clean：清理生成的目录和文件。
- post-clean：执行一些在清理之后需要完成的工作。

（2）Default生命周期：它是项目构建的核心部分，包含了编译、测试、打包、部署等一系列目标。在执行默认生命周期时，会按照以下顺序执行目标：
- validate：验证项目的正确性。
- compile：编译项目的源代码。
- test：运行项目的单元测试。
- package：将编译后的代码打包成可分发的格式，如JAR、WAR等。
- verify：对打包的代码进行检查，确保符合质量要求。
- install：将打包的代码安装到本地仓库，供其他项目使用。
- deploy：将打包的代码部署到远程仓库，供其他开发者使用。

（3）Site生命周期：用于生成项目的文档和站点，它包含了与项目文档生成相关的目标，如生成网页、API文档等。

主要目标如下：
- pre-site：执行一些在生成站点之前需要完成的工作。
- site：生成项目的站点文档。
- post-site：执行一些在生成站点之后需要完成的工作。
- site-deploy：将生成的站点文档部署到远程服务器。

以上是Maven的3个主要生命周期及其包含的目标，通常可以根据项目的需求，在Maven的配置文件（pom.xml）中指定需要执行的生命周期阶段和目标。Maven会根据配置执行相应的目标，从而完成项目的构建过程。

IntelliJ IDEA已经集成了Maven工具，本不再单独安装Maven，使用编辑器继承Maven即可。当使用IntelliJ IDEA创建一个Maven项目后，Maven在IntelliJ IDEA工具中显示的内容如图1-14所示。

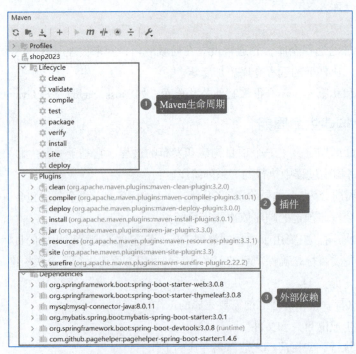

图1-14　Maven 生命周期

项目一　实现第一个 Spring Boot

任务实施

Maven仓库默认在国外服务器，下载依赖速度比较慢，为了提高下载速度，一般会在Maven的配置文件settings.xml中添加Maven阿里云镜像。以IntelliJ IDEA自带插件为例，具体操作步骤如下：

打开C:\%USER_HOME%\.m2\目录下的settings.xml文件（如果没有该文件，复制一个即可），这是Maven的全局配置文件。找到<mirrors></mirrors>这对标签，在<mirrors>标签的最上部添加阿里云镜像的配置信息，如图1-15所示。

添加内容如下：

```
<mirror>
    <id>alimaven</id>
    <name>aliyun maven</name>
    <url>http://maven.aliyun.com/nexus/con××××/groups/public/</url>
    <mirrorOf>central</mirrorOf>
</mirror>
```

完成上述修改后，只需保存并关闭settings.xml文件即可。这样，就已经完成了Maven阿里云镜像的配置，Maven在下载各种插件和依赖时将自动优先从阿里云镜像下载，提高下载速度。

图1-15　配置阿里云镜像

任务四　实现热部署

任务目标

- 熟悉Spring Boot热部署功能。

- 能够在Spring Boot项目中配置热部署功能。

任务描述

热部署是指在应用程序运行过程中，无须重新启动应用程序即可检测到代码的变化并自动部署更新，从而加速开发和调试的效率。使用Spring Boot的热部署功能可以大大加速应用程序的开发和调试过程，提高开发效率，减少不必要的时间浪费。但同时也需要注意，在生产环境下不应该启用热部署功能，因为会影响应用程序的稳定性和性能。本任务的主要目标是介绍并使用Spring Boot的热部署功能。

相关知识

一、热部署简介

热部署（hot deployment）是一种开发技术，允许在无须停止应用程序的情况下，对应用程序进行修改并即时生效。

热部署的主要目的是加快开发周期，减少开发人员在修改代码之后重新启动应用程序的时间。传统的部署方式通常需要停止应用程序，然后重新编译、打包、部署和启动应用程序。这个过程通常很耗时，尤其在大型应用程序的情况下。热部署通过在运行时动态加载修改后的代码文件，避免了重启应用程序的时间消耗。

二、热部署实现方式

在Java开发中，热部署可以通过以下几种方式实现：

（1）Spring Boot DevTools：Spring Boot框架提供了DevTools模块，可以在开发环境中实现热部署。它监视项目的类文件变化，并在变化发生时重新加载应用程序。可以通过在pom.xml中添加相关依赖来启用DevTools。

（2）JRebel：这是一款商业产品，为Java开发者提供了更强大的热部署功能。它可以监视类文件、资源文件和配置文件的变化，并在修改后立即重新加载应用程序。

（3）IDE插件：许多集成开发环境（IDE）提供了热部署功能的插件。例如，Eclipse和IntelliJ IDEA都支持通过插件实现热部署，在代码修改保存后，会自动重新构建和部署应用程序。

三、Spring Boot DevTools简介

Spring Boot DevTools是一个Spring Boot的开发工具模块，它提供了一系列方便的开发工具，帮助开发人员快速进行开发和调试。

Spring Boot DevTools的主要功能如下：

（1）自动应用程序重启：在开发过程中，当检测到项目文件的变化（包括类文件、配置文件、模板文件等）时，DevTools会自动触发应用程序的重启。这样可以避免手动停止和启动应用程序。

（2）自动依赖关系更新：当修改了项目的依赖关系（如添加或删除依赖）时，DevTools会自动进行依赖关系的更新，无须手动重新构建项目。

（3）全局页面重载：当浏览器发出HTTP请求时，DevTools可以在后台触发服务器端模板引擎的重新渲染，将修改后的内容实时返回给浏览器，无须手动刷新页面。

（4）静态资源缓存管理：DevTools在开发模式下，会禁用静态资源的缓存，以便在开发过程中及时更新静态资源。

（5）远程开发支持：DevTools支持通过远程连接实现热部署。开发人员可以将项目部署到远程服务器上，并通过DevTools连接到远程服务器，实现对远程应用程序的热部署操作。

任务实施

下面使用Spring Boot框架提供的DevTools模块，在SpringBootDemo 2023项目上讲解如何进行热部署。具体步骤如下：

一、在pom.xml文件添加依赖

在项目的pom.xml文件中，添加spring-boot-devtools热部署依赖启动器。pom.xml文件部分代码如下：

```xml
<dependency>
    <groupId>org.springframework.boot</groupId>
    <artifactId>spring-boot-devtools</artifactId>
    <scope>runtime</scope>
    <optional>true</optional>
</dependency>
```

二、设置IDEA自动热部署

（1）按【Ctrl+Alt+S】组合键打开设置对话框，如图1-16所示，在"Build, Execotion, Deployment"中选择Compiler选项，选中Build project automatically复选框，开启IDEA的自动编译。

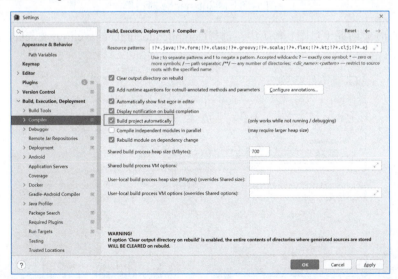

图1-16 Compiler 设置对话框

（2）如图1-17所示，选择Advanced Settings选项，选中Allow auto-make to start even if developed application is currently running复选框，设置即使开发的应用程序当前正在运行，也允许自动生成启动。

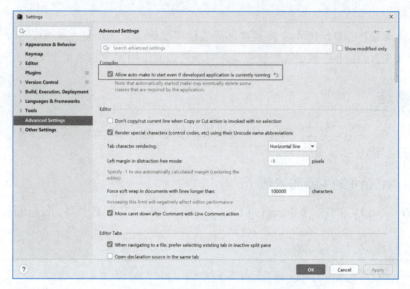

图 1-17　设置自动生成启动对话框

（3）按【Ctrl + Shift + Alt + /】组合键，打开Maintenance对话框（见图1-18），选择Registry选项，打开Registry对话框。

图 1-18　Maintenance 对话框

（4）在Registry对话框（见图1-19）中，选择Compiler.document.save.trigger.delay选项，调整延时参数。

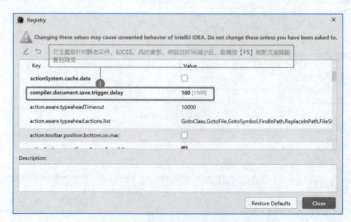

图 1-19　Registry 对话框

（5）修改服务器配置，使得IDEA窗口失去焦点时，更新类和资源，如图1-20所示，单击IDAE左上角的应用程序名称Shop2023Application在下拉列表中右上角，选择Edit Configurations选项，打开运行/调试配置界面，选择目标项目并勾选热更新，如图1-21所示。

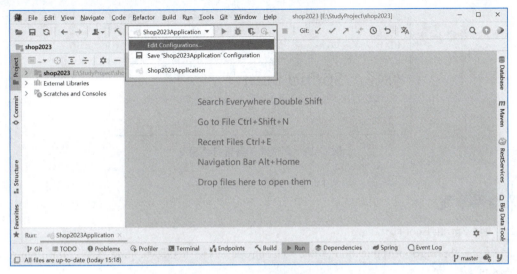

图 1-20　IDEA 编辑器主页面

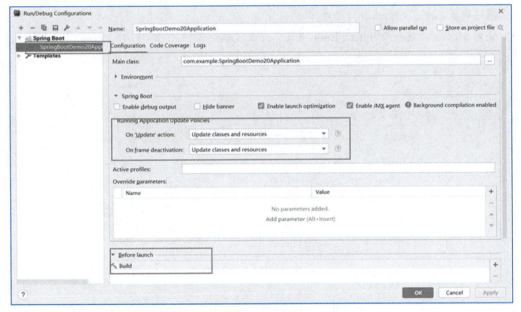

图 1-21　运行 / 调试配置对话框

三、测试热部署效果

启动Shop2023Application项目，通过浏览器访问http:/localhost:8080/hello，输出结果参见图1-13。从图1-13中可以看出，页面输出的内容是Hello Spring Boot。为了测试配置的热部署是否有效，接下来在不关闭当前项目的情况下，将HelloCtrl中的请求处理方法hello()的返回值修改为"你好，Spring Boot"并保存，查看控制台信息发现项目能够自动构建和编译，说明项目热部署生效。此时，刷新页面，可以看到浏览器输出了"你好，Spring Boot"，说明热部署配置成功，如图1-22所示。

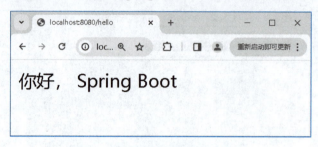

图1-22　测试热部署运行结果2

1. 简述Spring Boot的优点。
2. 简述@SpringBootApplication注解、@Controlle注解、@GetMapping注解、@ResponseBody注解的作用。
3. 简述Maven的生命周期及其作用。
4. 简述配置热部署的优点。
5. 使用Maven构建一个Spring Boot项目，并配置热部署。

项目二
整合 Mybatis 实现登录功能

在项目一中，创建使用Maven构建了一个Spring Boot项目，本项目将在上一项目的基础上完成网上商城后台管理系统的登录功能。

知识目标

- 掌握前端向后端绑定数据的方法。
- 掌握在Spring Boot项目中使用注解的形式整合Mybatis。
- 理解表示层、业务逻辑层、数据访问层的划分及其职责。
- 掌握Spring Boot整合Thymeleaf模板引擎的方法。

技能目标

- 能够使用Maven构建Spring Boot项目，并管理项目依赖和插件。
- 能够利用Thymeleaf模板引擎实现动态页面，并与后端进行数据交互。
- 能够在实际项目中应用三层架构以提高代码的可维护性和可扩展性。

素养目标

- 勇于尝试新方法、新思路，不断挑战自我，突破技术瓶颈。
- 面对复杂问题时，能够保持冷静，从多个角度分析问题并找到最优解。

任务一　实现后端向前端页面跳转的功能

- 理解@RequestMapping注解的作用。
- 掌握后端服务器代码中创建一个跳转至登录页面的功能。

在项目一中，已经使用Maven工具创建了Spring Boot项目。本任务在此基础上，利用Spring MVC的控制器来处理请求，并通过返回视图名称来指定要渲染的前端页面，实现在从后端Java代码请求打开一个指定的前端页面。

相关知识

@RequestMapping

@RequestMapping是Spring MVC中一个非常核心的注解，用于将HTTP请求映射到特定的处理器类或处理器方法上。通过@RequestMapping，可以定义请求的URL路径、HTTP方法（如GET、POST）、请求参数、请求头等条件，以匹配和处理对应的HTTP请求。

这个注解可以用在类或方法上。在类上使用时，表示类中的所有响应方法都是相对于该地址的。在方法上使用时，表示该方法将处理与该地址匹配的请求。

@RequestMapping可以包含多个属性，如value（或path）、method、params、headers等，用于精确匹配请求。@RequestMapping注解的常用属性见表2-1。

表2-1　@RequestMapping注解的常用属性

属 性 名	描　　述
value	用来指定请求的URL，是@RequestMapping的主要属性
method	用来指定请求的方式，如GET、POST等
params	用来指定限制条件，请求必须满足的条件（如特定的参数、特定的参数值等）
headers	用来设置请求头信息，可以设置请求必须包含或不包含某些值来匹配
consumes	用来指定处理请求的提交内容类型（content-type），如application/json、text/html等
produces	用来指定返回的内容类型，仅当请求头中的(accept)类型中包含该指定类型才返回

例如：

```
@RequestMapping(value="/getGoodsList",method={RequestMethod.GET, RequestMethod.POST})
public String getGoodsList( ){
    // …
}
```

项目二 整合 Mybatis 实现登录功能 33

以上代码表示，当接收到一个请求路径为"/getGoodsList"、请求方式为GET或者POST的请求时，会调用getGoodsList()方法处理此请求。

任务实施

一、新建templates目录

在Spring Boot项目中，可以在resources目录下创建templates目录，该目录用于存放基于模板引擎的前端页面文件。按照标准的Spring Boot项目结构，resources目录下通常包含应用程序的配置文件、静态资源文件等。

二、新建login.html文件

在templates目录下，新建HTML页面login.html，添加如下代码。

```html
<!DOCTYPE html>
<html lang="en">
<head>
    <meta charset="UTF-8">
    <title>管理员登录</title>
</head>
<body>
<form action="/admin/doLogin" method="post">
    用户名：<input type="text" name="name">
    密　码：<input type="password" name="password">
    <input type="submit" value="提交">
</form>
</body>
</html>
```

在上述代码中，指定登录提交的action为"/admin/dologin"。

创建templates目录后，可以将基于模板引擎（如Thymeleaf、Freemarker等）的前端页面文件放在该目录下。

三、添加Thymeleaf依赖

在pom.xml文件中添加Thymeleaf依赖。pom.xml部分代码如下：

```xml
<dependency>
    <groupId>org.springframework.boot</groupId>
    <artifactId>spring-boot-starter-thymeleaf</artifactId>
</dependency>
```

在项目中添加了spring-boot-starter-thymeleaf依赖后，可以开始使用Thymeleaf构建动态的Web页面。通过在模板文件中使用Thymeleaf的标签和表达式，可以动态地生成HTML内容、处理条件、迭

代、表单等。在Spring MVC的控制器中，可以使用@RequestMapping或其他相关注解返回Thymeleaf模板文件名，而不需要指定具体的模板文件路径和后缀。Spring Boot会自动根据约定的模板位置去寻找模板文件。

四、添加实体类

在controller包中添加实体类AdminuserCtrl，代码如下：

```java
package com.test.controller;

import org.springframework.stereotype.Controller;
import org.springframework.web.bind.annotation.*;

@Controller
@RequestMapping("/admin")
public class AdminuserCtrl{

    @GetMapping("/toLogin")
    public String toLogin(){
        return "login";
    }
}
```

在上述示例中，控制器中的toLogin()方法处理路径/admin/toLogin的GET请求，并返回视图名为login的逻辑视图名称。

五、效果测试

项目成功启动后，在浏览器输入http://localhost:8080/admin/toLogin，效果如图2-1所示。可以看到从后端Java代码成功地打开了指定的前端页面。

图 2-1 测试结果

 实现登录页面向后端控制器传值

任务目标

- 掌握前端向后端传值的方式。

- 掌握@RequestParam注解的用法。
- 掌握POJO类型的数据绑定。

任务描述

在任务一中，讲解了在后端控制器中打开前端指定页面。本任务将通过实现登录页面向后端控制器传值学习数据绑定。

相关知识

一、@RequestParam注解

@RequestParam注解是Spring框架中用于处理HTTP请求参数的注解。该注解可以用在方法的参数前用于将HTTP请求参数的值绑定到方法的参数上。它用于在Spring MVC控制器方法中获取特定名称的请求参数的值，并将其赋值给对应的方法参数。例如：

```
@RequestMapping(value="/test" ,method = RequestMethod.GET)
public void method(@RequestParam("param1") String param1,@RequestParam("param2") int param2){
    //......
}
```

在这个例子中，当发送一个GET请求时，URL用"/test?param1=a&param2=10"这样的写法。另外，@RequestParam注解还有几个常用的属性，见表2-2。

表 2-2 @RequestParam 注解常用的属性

属性名	说明
value	指定请求参数的名称。默认与方法参数的名称一致，如果请求参数名称不一致，需要显式指定该属性的值
required	指定请求参数是否是必需的。默认为true，即必需参数，如果请求中未包含该参数，则会抛出异常。可以将其设置为false，表示可选参数，如果请求中未包含该参数，则方法参数值为null
defaultValue	指定请求参数的默认值。如果请求中未包含该参数，或者参数值为空字符串，则使用默认值赋值给方法参数
name	该属性与value属性功能相同，用于指定请求参数的名称

下面是一个简单的示例：

```
@RequestMapping(value="/test" ,method=RequestMethod.GET)
public void method(@RequestParam(value="param",defaultValue="0") int param){
    // …
}
```

在这个例子中，http请求的param如果不存在或者没有指定值，param的值就会被设置为0。

二、POJO类型传递参数

POJO（Plain Old Java Object）指的是普通Java对象，它通常包含一些私有属性和对应的getter()和setter()方法。SpringBoot支持使用绑定POJO类型来传递HTTP参数。具体来说，可以在控制器方法

的参数列表中声明一个POJO类型的对象,SpringBoot框架会自动将HTTP请求中的参数值绑定到该对象的属性上,从而完成参数传递。

这样做的优点是:不需要逐个提取HTTP请求参数,并逐个设置Java对象的属性;可以避免一些错误,如类型转换错误、缺少参数等;代码更加简洁、易读。

代码示例:

```java
//定义POJO类
public class Adminuser{
    private String name;
    private String password;
    private boolean enabled;

    // 此处省略getter()和setter()方法
}
//控制器类
@RequestMapping("/doLogin")
public String doLogin(@RequestBody Adminuser adminuser){
                                // 处理逻辑
}
```

在上述代码中,使用了@RequestBody注解告诉SpringBoot框架需要从请求体中读取参数值,并将其绑定到User类型的对象上。

视 频

实现登录页面向后端控制器传值

任务实施

一、基本数据类型传参

(1)在控制类AdminuserCtrl中添加doLogin()方法,用于处理前端请求登录的URL。部分AdminuserCtrl代码如下:

```java
@Controller
@RequestMapping("/admin")
public class AdminuserCtrl{

    // 其他代码省略

    @RequestMapping("/doLogin")
    public String doLogin(String aduname, String password){
        System.out.println(aduname + "-------" + password);
        return "login";
    }
}
```

项目二　整合 Mybatis 实现登录功能

> **注意**：粗体代码是在原来代码的基础上添加的新功能，以下不再重复说明。

（2）启动项目测试，在浏览器上访问：http://localhost:8080/admin/toLogin，进入登录页面，输入用户名和密码，然后单击"提交"按钮，从图2-2可以看到，密码在后端控制器中能够获取，但是用户名获取不到。

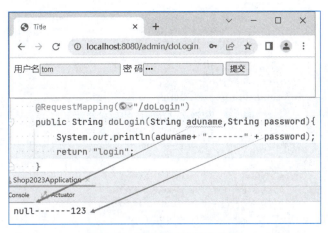

图 2-2　前端向后端传值结果

通过对比HTML代码与后端控制器Java代码发现，前端HTML代码中的表单元素用户名的name属性值与控制器中doLogin()方法中的形式参数名不一致，如图2-3所示。

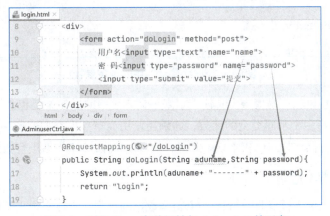

图 2-3　对比 form 表单属性与 doLogin() 的形参

因此，只需要将用户名的name属性值与控制器中doLogin()方法中的形式参数名改成一致，在后端就能获取到前端表单元素中的内容，如图2-4所示。

对于int、String、double等类型，除了通过保证前端请求中参数名和后台控制器类方法中的形参名一样来绑定数据，还可以使用Spring MVC提供的@RequestParam注解进行间接数据绑定。

例如，在本任务中，表单元素属性与方法形参不一致时，控制器AdminuserCtrl中的doLogin()方法的形参还可以使用@RequestParam进行绑定，如图2-5所示。

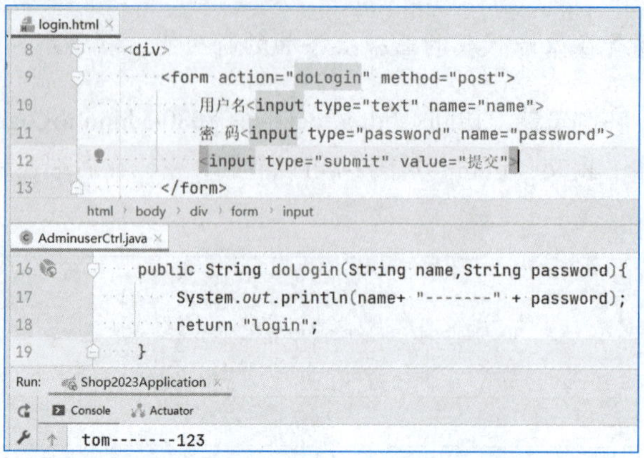

图 2-4　修改 doLogin() 的形式参数

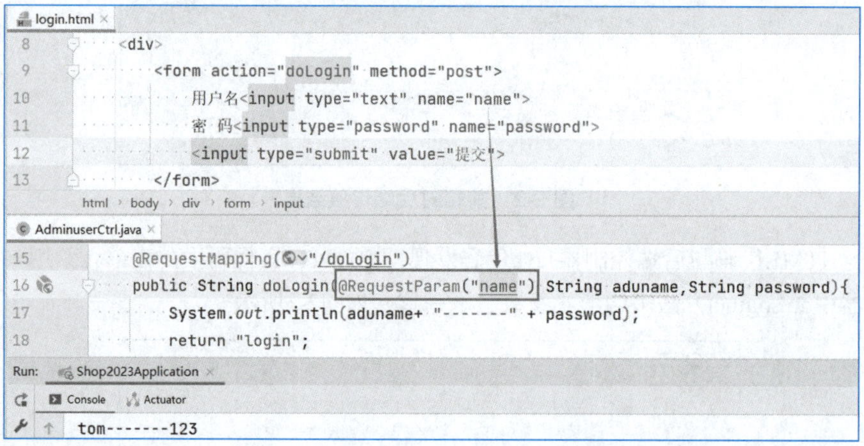

图 2-5　@RequestParam 绑定参数

本任务中的例子可以很容易地根据具体需求来定义方法中的形参类型和个数。但在实际应用中，客户端请求可能会传递多个不同类型的参数，如果还使用简单数据类型进行绑定，就需要编写多个不同类型的参数，这种操作显然比较烦琐。此时，就可以使用POJO类型进行数据绑定。

二、POJO类型传参

下面将本任务的案例进行修改，演示POJO类型数据的绑定。具体实现步骤如下：

（1）在com.test的包下创建包entity，在entity包中创建实体类Adminuser。代码如下：

```
package com.test.entity;

public class Adminuser{
    private String name;
    private String password;

    public String getName(){
        return name;
```

```
    }

    public void setName(String name){
        this.name=name;
    }

    public String getPassword(){
        return password;
    }

    public void setPassword(String password){
        this.password=password;
    }
}
```

（2）在控制器类AdminuserCtrl中，修改doLogin()方法的形参为Adminuser的对象。部分AdminuserCtrl代码如下：

```
@Controller
@RequestMapping("/admin")
public class AdminuserCtrl{

    // 更多方法……

    @RequestMapping("/doLogin")
    public String doLogin(Adminuser adminuser){
        System.out.println(adminuser.getName()+"-------"+adminuser.getPassword());
        return "login";
    }
}
```

（3）启动项目进行测试，在浏览器中输入http://localhost:8080/admin/toLogin，打开登录页面，分别输入用户名和密码，单击"提交"按钮，如图2-6所示。在控制台中可以看到在通过POJO绑定数据的方式，后端也可以获得用户名与密码。

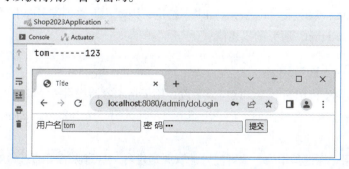

图 2-6　POJO 类型传值运行结果

> **注意**：在使用POJO类型绑定数据时，前端请求的参数名必须要与绑定的POJO类中的属性名一样，这样才会自动将请求参数数据绑定到POJO对象中，否则后台接收的参数为null。例如，本任务中form表单各元素的name属性值要与绑定的POJO类中的属性名一样。

任务三　注解形式整合Mybatis实现管理员登录

任务目标

- 掌握Spring Boot的全局配置文件。
- 掌握后端开发的三层框架结构。
- 掌握Spring Boot与Mybatis框架的整合。

任务描述

数据都存放在数据库中，要完成管理员的登录验证功能，需要对数据库进行操作。Spring Boot在简化项目开发以及实现自动化配置的基础上，对关系型数据库和非关系型数据库都提供了很好的整合支持。本任务将通过实现管理员登录功能，讲解Spring Boot的全局配置文件，以及Spring Boot与Mybatis进行整合。

相关知识

视频

注解形式整合Mybatis实现管理员登录相关知识点

一、@Service注解

@Service注解是Java Spring框架中的一个注解。它专用于服务层，继承于@Component注解，表示将类作为系统的业务服务层组件。通过在类上添加@Service注解，Spring框架会自动扫描并创建该类的实例，并将其注册为Spring容器中的一个Bean。这样就可以方便地在其他组件中通过依赖注入的方式使用该服务类。

@Service注解有两个参数：

（1）value：指定服务的名称，如果不指定，则默认为类名首字母小写。

（2）description：服务的描述信息。

二、@Resource注解

@Resource注解用于标记一个类、接口或字段，用于请求容器提供一个特定的依赖对象。它提供了一种简化的方式来注入资源，例如，将一个服务对象注入另一个对象中。@Resource注解可以用于三个不同的位置：

（1）类级别：用于标记类作为一个可注入的资源提供者。这意味着可通过@Resource注解注入该类的实例。

（2）字段级别：用于标记一个字段，表示该字段应该由容器注入适当的资源。

（3）方法级别：用于标记一个方法，表示该方法应该在对象创建时由容器调用，以注入适当的资源。

@Resource注解的用法类似于@Autowired注解，但它是Java EE规范定义的注解，而@Autowired是Spring框架提供的注解。在大多数情况下，它们可以互换使用。

三、Spring Boot全局配置文件

Spring Boot提供了大量的自动配置，极大地简化了Spring应用的开发过程，当用户创建一个Spring Boot项目后，即使不进行任何配置，该项目也能顺利地运行起来。用户也可以根据自身的需要使用配置文件修改Spring Boot的默认设置。

Spring Boot全局配置文件是Spring Boot项目中重要的配置文件，主要用于声明一些全局性的配置，Spring Boot默认使用2种全局的配置文件application.properties和application.yml，其文件名是固定的。

application.properties与application.yml都可以作为Spring Boot的全局配置文件，一般存放在src/main/resources目录下，也可以放在类路径下的config目录。在Spring Boot启动时被自动读取。当然也可以同时使用，但同级目录下读取的顺序是先读取application.properties，再读取application.yaml。

1. application.properties的语法及使用

Properties语法如下：

（1）使用properties的key=value形式。

（2）使用层级递进关系。

（3）从最高层到最低层逐个递进，中间使用点"."间隔。

例如：

```
server.port=8090

spring.datasource.url=jdbc:mysql://localhost:3306/shop2023?useSSL=false&useUnicode=true
spring.datasource.username=root
spring.datasource.password=123456
```

2. application.yml的语法及使用

相较于传统的Properties配置文件，YAML（另一种标记语言）文件以数据为核心，是一种更为直观且容易被计算机识别的数据序列化格式。

application.yml的特点如下：

- 注释使用#。
- 使用键值形式存储："K:"（空格）V，即"K："与V之间必须有空格，空格数不定。
- 使用缩进表明层级，左对齐的属于同一层级。
- 大小写敏感。
- 字符串不需要使用""或' '。若是使用""，则如果字符串中含有转义字符，会生效，如"my name is \n zhangsan",输出结果为：my name is（换行）zhangsan；如果使用' '，其作用和不加' '效果相同。

YAML基本格式：

```
key1:
    key2:
        key3: value
```

例如：

```
server:
    port: 8090
spring:
    datasource:
        driver-class-name: com.mysql.cj.jdbc.Driver
        url: jdbc:mysql://localhost:3306/shop2023?useSSL=false&useUnicode=true
        username: root
        password: 123456
```

四、后端三层架构

后端开发中的三层框架结构（也称为三层架构）是一种常用的软件设计架构，用于将后端应用程序的功能模块按照职责进行划分和组织。它旨在将应用程序分成3个主要逻辑层，以实现高内聚、低耦合的设计目标。这种架构有助于提升系统的可维护性、可扩展性和可重用性。三层架构通常包括：

（1）表现层：负责接收用户请求，处理用户输入和展示输出结果。通常使用一些协议和技术来处理请求和响应，如HTTP、RESTful API、WebSocket等。该层的主要作用是将用户的请求转发给业务逻辑层，并将处理结果返回给用户。

（2）业务逻辑层：负责处理业务逻辑，进行相关的计算、操作和判断。该层包含了应用程序的核心业务逻辑和规则，它与具体的业务场景紧密相关。在这一层，开发人员可以实现业务逻辑的各种计算、验证、数据处理等功能。

（3）数据访问层：负责与数据存储进行交互，进行数据的读取、写入和查询等操作。它封装了与数据源（如关系型数据库、NoSQL数据库、文件系统等）的交互细节，提供了对数据的访问接口和操作方法。该层通常涉及数据库连接、事务管理和SQL语句执行等功能。

三层架构的优势在于：

- 降低耦合度：各层之间相对独立，易于维护和升级。
- 提高复用性：业务逻辑层和数据访问层可以被多个表示层共享。
- 易于扩展：可以通过增加新的表示层或修改业务逻辑层来扩展系统。
- 增强安全性：通过限制对数据库的直接访问，提高了系统的安全性。

然而，三层架构也有其局限性，如可能会增加系统的复杂性和开发成本。因此，在选择是否采用三层架构时，需要根据项目的具体需求和规模进行权衡。

五、Spring Boot整合MyBatis

（一）MyBatis简介

MyBatis是一个开源的Java持久化框架，它提供了一种方便优雅的解决方案，用于在Java面向对象编程模型和SQL关系型数据库之间进行映射处理。MyBatis通过XML或注解提供SQL语句的映射和执行支持，通过对象关系映射器将POJOs(Plain Old Java Objects)映射到SQL语句中。

Mybatis的优势包含以下几方面：

（1）灵活：MyBatis不会在操作数据库时完全隐藏SQL语句，使得开发者可以随时自由编写SQL语句。

（2）高效：MyBatis可以实现高效、精确的数据库操作，因为它允许用户直接编写SQL，使得SQL语句的性能尽可能地好。

（3）易理解：MyBatis相对于其他框架来说理解起来简单很多，因为它不会对底层的操作进行封装。

总的来说，MyBatis是一个半自动的持久层框架，相较于全自动ORM框架（如Hibernate、JPA），Mybatis更加灵活，更少的代码即可完成相同的操作，使得开发更加高效。

（二）Spring Boot使用注解方式整合MyBatis

MyBatis提供了一系列注解支持在Mapper接口中直接编写SQL语句，而无须创建XML映射文件。这些注解包括 @Select、@Insert、@Update和@Delete，分别对应SQL语句的查询、插入、更新和删除操作。

在Spring Boot中，使用注解方式整合MyBatis可以大幅简化配置过程，让开发者更专注于业务逻辑的实现。以下是一个基本的步骤和示例，展示如何在Spring Boot项目中通过注解方式整合MyBatis。

（1）在pom.xml文件中添加MyBatis的starter依赖和数据库驱动依赖，代码如下：

```xml
<!--mysql数据库驱动-->
<dependency>
    <groupId>mysql</groupId>
    <artifactId>mysql-connector-java</artifactId>
    <version>8.0.11</version>
</dependency>
<!--Mybatis启动器-->
<dependency>
    <groupId>org.mybatis.spring.boot</groupId>
    <artifactId>mybatis-spring-boot-starter</artifactId>
    <version>3.0.1</version>
</dependency>
```

（2）在application.properties文件中配置MySQL数据源，包括数据库的URL，用户名和密码。代码如下：

```
spring.datasource.url=jdbc:mysql://localhost:3306/shop1?useSSL=false&useUnicode=true&characterEncoding=utf-8&serverTimezone=GMT%2B8
spring.datasource.username=root
spring.datasource.password=123456
```

（3）创建映射接口（Mapper）并使用@Mapper注解，然后在接口中定义需要的数据库操作方法，并使用MyBatis提供的注解编写SQL语句，代码如下：

```
@Mapper
public interface UsersDao{

    @Select("SELECT * FROM user WHERE id=#{id}")
    Users queryById(Integer id);

    // 更多接口方法……
}
```

（4）在Service中注入Mapper接口，并完成数据库的操作，代码如下：

```
@Service("usersService")
public class UsersServiceImpl implements UsersService{
    @Resource
    private UsersDao usersDao;

    @Override
    public Users queryById(Integer id){
        return this.usersDao.queryById(id);
    }

    // 更多方法……
}
```

（三）Spring Boot使用配置文件方式整合MyBatis

在Spring Boot中，除了使用注解方式整合Mybatis外，还可以通过配置文件的方式来整合。尽管Spring Boot提倡"约定优于配置"的原则，并鼓励使用注解来简化配置，但在某些情况下，使用配置文件可能更加灵活或符合项目需求。

在Spring Boot中使用配置文件方式整合MyBatis，将在项目七实现用户管理和订单管理讲解。

注解形式整合Mybatis实现管理员登录

任务实施

下面通过Spring Boot整合MyBatis实现管理员的登录验证功能。

一、添加依赖

在pom.xml文件中添加MySQL数据库驱动依赖和mybatis-spring-boot-starter依赖启动器。pom.xml部分代码如下：

```
<!--mysql数据库驱动-->
<dependency>
    <groupId>mysql</groupId>
    <artifactId>mysql-connector-java</artifactId>
```

```xml
    <version>8.0.11</version>
</dependency>
<!--Mybatis启动器-->
<dependency>
    <groupId>org.mybatis.spring.boot</groupId>
    <artifactId>mybatis-spring-boot-starter</artifactId>
    <version>3.0.1</version>
</dependency>
```

二、修改全局配置文件

在resources目录下新建Spring Boot的全局配置文件application.properties，指定案例数据的URL及MySQL数据库的用户名和密码，代码如下：

```
spring.datasource.url=jdbc:mysql://localhost:3306/shop2023?useSSL=false&useUnicode=true&characterEncoding=utf-8&serverTimezone=GMT%2B8
spring.datasource.username=root
spring.datasource.password=123456
```

三、创建实体类Adminuser

在任务二中，已经创建实体类Adminuser。

四、实现Dao层

在com.test包下新建包dao，在包dao下创建管理员持久化接口AdminuserDao，用于对数据库表adminuser进行操作。接口AdminuserDao代码如下：

```java
package com.test.dao;

import com.test.entity.Adminuser;
import org.apache.ibatis.annotations.Mapper;
import org.apache.ibatis.annotations.Param;
import org.apache.ibatis.annotations.Select;

@Mapper
public interface AdminuserDao{
    @Select("select * from adminuser where name=#{adminuser.name} AND password =#{adminuser.password}")
    Adminuser getAdminUser(@Param("adminuser") Adminuser adminuser);
}
```

@Select注解用于标识getAdminUser()方法对应的SQL查询语句。其中，select * from adminuser where name=#{adminuser.name} AND password =#{adminuser.password}是SQL查询语句，#{adminuser.name}是一个占位符，表示查询的条件。该方法返回一个名为Adminuser的对象，表示查询结果将会

被映射到Adminuser对象中。

五、实现业逻辑务层

（1）在com.test包下新建包service，在包service下创建管理员业务逻辑接口AdminuserService，在该接口中编写一个通过Adminuser对象查询管理员的方法getAdminUser()，代码如下：

```
package com.test.service;
import com.test.entity.Adminuser;

public interface AdminuserService{
    Adminuser getAdminUser(Adminuser adminuser);
}
```

（2）在com.test.service包下新建包impl，在包impl下创建接口AdminuserService的实现类AdminuserServiceImpl，代码如下：

```
package com.test.service.impl;
import com.test.entity.Adminuser;
import com.test.dao.AdminuserDao;
import com.test.service.AdminuserService;
import jakarta.annotation.Resource;
import org.springframework.stereotype.Service;
import org.springframework.util.DigestUtils;

@Service
public class AdminuserServiceImpl implements AdminuserService{
    @Resource
    private AdminuserDao adminuserDao;

    @Override
    public Adminuser getAdminUser(Adminuser adminuser){
        String psw=DigestUtils.md5DigestAsHex(adminuser.getPassword().getBytes());
        System.out.println("加密后的密码:"+psw);
        adminuser.setPassword(psw);
        return this.adminuserDao.getAdminUser(adminuser);
    }
}
```

六、修改控制类中的方法

修改控制类AdminuserCtrl中的doLogin()方法，部分AdminuserCtrl代码如下：

```
@Controller
@RequestMapping("/admin")
public class AdminuserCtrl{
```

```
    @Resource
    AdminuserService adminuserService;

// 更多方法……

    @RequestMapping("/doLogin")
    public String doLogin(Adminuser adminuser){
        Adminuser admin=adminuserService.getAdminUser(adminuser);
        System.out.println(admin);
        return "login";
    }
}
```

七、启动项目测试

在浏览器中输入http://localhost:8080/admin/toLogin，打开登录页面，分别输入用户名和密码，单击"提交"按钮，在控制台中可以看到，如果数据库中存在该用户，则返回该用户，如果不存在，则返回null，如图2-7所示。

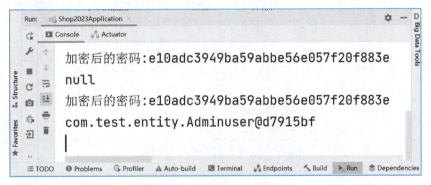

图2-7 判断用户是否存在结果

任务四　使用 Thymeleaf 显示提示信息

任务目标

掌握Thymeleaf模板引擎的常用标签和表达式。

任务描述

本任务使用Spring Boot整合常用的Thymeleaf模板引擎，实现当用户在数据库中不存在时，利用前端视图技术，在登录页面显示提示信息。

相关知识

一、Thymeleaf简介

Thymeleaf是一种服务器端模板引擎,用于在Java Web应用中进行前端视图渲染。尽管其本质上是在服务器端处理模板和数据,生成最终的HTML页面,但在开发者的角度提供了一种像前端视图技术一样的使用体验。

Thymeleaf的工作流程如下:

(1)模板编写:开发人员使用Thymeleaf的模板语法编写HTML模板文件。这些模板文件与常规的HTML文件结构类似,但包含了一些特殊的Thymeleaf属性(见表2-3)和表达式(见表2-4)。

表 2-3　Thymeleaf 属性

属　　性	描　　述
th:id	替换HTML的id属性
th:text	文本替换,转义特殊字符
th:utext	文本替换,不转义特殊字符
th:object	替换对象
th:value	替换value属性
th:with	用于定义局部变量
th:style	设置样式
th:onclick	单击事件
th:each	元素遍历
th:if	根据条件判断是否需要展示此标签
th:unless	和th:if相反,满足条件时不显示
th:switch	与Java的switch case语句类似,通常与th:case配合使用
th:fragment	声明片段
th:insert	将使用th:fragment属性指定的模板片段(包含标签)插入当前标签中
th:replace	使用th:fragment属性指定的模板片段(包含标签)替换当前整个标签
th:selected	select 选择框选中
th:src	替换HTML中的src属性
th:inline	内联属性,有text、none、JavaScript这3种取值,在\<script\>标签中使用时,JavaScript代码中可以获取后台传递页面的对象
th:action	替换表单提交地址

表 2-4　Thymeleaf 表达式

表达式语法	说　　明
${}	变量表达式,用于获取上下文变量
*{}	选择变量表达式,用于获取当前对象中的变量
#{}	消息表达式,主要用于读取属性文件中的值
@{}	链接URL表达式,一般用于页面跳转或者资源的引入
~{}	片段表达式,将标记片段移动或复制到模板中

（2）数据绑定：在服务器端，开发人员将模板与数据进行绑定，可以将数据以模型的形式传递给模板，或者在模板中直接访问后端应用程序的数据。

（3）模板处理：服务器端的Thymeleaf引擎会将模板与数据结合，并执行相应的逻辑。Thymeleaf会解析模板中的属性和表达式，将动态数据填充到对应的位置。

（4）生成HTML：完成模板处理后，Thymeleaf引擎会生成最终的HTML页面作为响应返回给客户端浏览器。

Thymeleaf的模板语法和功能强大，可以实现许多前端视图技术的功能。例如：

- 数据绑定：使用Thymeleaf的表达式语言，开发人员可以在模板中访问和显示后端应用程序的数据；可以通过${...}语法访问变量、属性和方法。
- 条件渲染：使用th:if和th:unless属性，开发人员可以根据条件动态显示或隐藏元素。
- 迭代渲染：使用th:each属性，开发人员可以遍历集合或数组，并生成多个重复的元素。
- 动态属性：使用Thymeleaf的属性绑定，在HTML标签的属性中设置动态的值。例如，th:href用于动态设置链接的href属性，th:class用于动态设置元素的类。
- 国际化支持：Thymeleaf提供了方便的国际化和本地化功能，可以根据不同的区域设置展示不同的文本。
- 表单处理：Thymeleaf提供了简化的表单处理功能，如表单绑定、字段校验和错误消息显示。

综上所述，尽管Thymeleaf运行在服务器端，但它提供了类似于前端视图技术的使用方式和功能，使得开发人员能够更加便捷地处理和呈现前端界面。

二、模型

在Spring MVC框架中，模型（model）是一个核心概念，它代表了应用程序的数据，这些数据将在控制器（controller）和视图（view）之间传递。模型可以是任何形式的Java对象，如POJOs（plain old Java objects）、DTOs（data transfer objects），或者是业务领域的实体（entities）。

在Spring MVC中，模型可以通过多种方式传递给视图。最常用的方法之一是通过在控制器方法中添加一个Model或ModelMap参数，或者使用@ModelAttribute注解。例如：

```
@Controller
public class MyController{

    @RequestMapping("/greet")
    public String greet(Model model){
        // 添加数据到模型中
        model.addAttribute("greeting", "Hello, World!");
        return "greet";
    }

    // 使用@ModelAttribute注解添加数据到模型中
    @RequestMapping("/user")
    public String user(@ModelAttribute("user") User user){
```

```
        // 假设User对象已经通过某种方式被填充了数据
        // 这里不需要显式地将user添加到模型中，因为@ModelAttribute已经做了这件事
        return "user";
    }
}
```

通过在控制器中使用模型对象，可以将数据传递给视图层进行显示。在视图模板（如Thymeleaf、JSP等）中，可以使用模型对象提供的方法或表达式来获取和展示模型中的数据。

三、静态资源的访问

在Spring Boot中，可以通过配置和使用静态资源来为Web应用程序提供静态文件（如HTML、CSS、JavaScript、图像等）。Spring Boot自动配置了静态资源的处理，使其成为一个简单的过程。

默认情况下，Spring Boot会在以下目录中查找静态资源："/static""/public""/resources""/META-INF/resources"。

将静态HTML文件放置在src/main/resources/static目录下。然后，这些文件就可以通过相对路径直接访问。例如：

```
<link th:href="@{/local/css/login.css}" rel="stylesheet">
```

可以在配置文件（如application.properties或application.yml）中，使用spring.resources.static-locations属性自定义静态资源的位置。例如：

```
spring.resources.static-locations=classpath:/my-static-folder/
```

除了直接在静态资源文件中提供静态内容，还可以使用模板引擎（如Thymeleaf）在静态HTML中注入动态内容。这样可以为静态资源添加更多交互和个性化功能。另外，还可以使用Spring Boot的静态资源处理器来处理静态资源的缓存和优化。它可以为静态资源生成哈希值并将其添加到URL中，以便在内容发生更改时自动更新缓存。

任务实施

下面使用Spring Boot整合常用的Thymeleaf模板引擎，来完成登录失败后提示信息的显示。

● 视 频

使用Thymeleaf
显示提示信息

一、引入Thymeleaf依赖

必须保证引入Thymeleaf依赖（在本项目任务一中已经添加）。

二、修改控制类中的方法

在控制层修改控制类AdminuserCtrl中的doLogin()方法，实现用户不存在时，设置提示信息。部分AdminuserCtrl代码如下：

```
@Controller
@RequestMapping("/admin")
```

```java
public class AdminuserCtrl {

    // 省略部分代码……
    @RequestMapping("/doLogin")
    public String doLogin(Adminuser adminuser, Model model){
        Adminuser admin=adminuserService.getAdminUser(adminuser);
        if(admin==null){
            model.addAttribute("msg","用户名或者密码不正确");
            return "login";
        }
        return "login";
    }
}
```

三、添加静态资源样式

在目录resources下新建目录static,在static下新建目录local，在local下新建目录css，在css下新建样式类文件login.css，如图2-8所示。

在样式类文件login.css中添加如下代码：

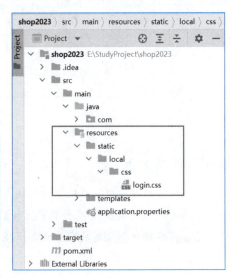

```css
#msg{
    color: red;
    margin: 5px 0px;
    vertical-align: bottom;
}
```

四、修改前端页面login.html

引入CSS样式及添加显示提示信息的空间，login.html部分代码如下：

图2-8 static 目录结构

```html
<!DOCTYPE html>
<html lang="en" xmlns:th="http://www.thymexxxx.org">
<head>
    <meta charset="UTF-8">
    <title>管理员登录</title>
    <link th:href="@{/local/css/login.css}" rel="stylesheet">
</head>
<body>
<div id="msg" th:text="${msg}"></div>
<form th:action="@{/admin/doLogin}" method="post">
    用户名：<input type="text" name="name">
    密　码：<input type="password" name="password">
```

```
    <input type="submit" value="登录">
</form>
</body>
</html>
```

在上述代码中，xmlns:th="http://www.thyme××××.org"用于引入Thymeleaf模板引擎；th:href用于动态设置链接的href属性；th:text用于动态显示文本的内容；${msg}获取后端传递过来的msg变量的值。

五、启动项目测试

在浏览器中输入http://localhost:8080/admin/toLogin，打开登录页面，输入任意一个用户名和密码，单击"登录"按钮，如图2-9所示。如果数据库中不存在该用户，则给出提示信息。

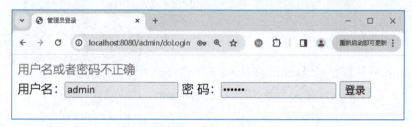

图2-9 登录验证结果

1. 简述后端采用三层框架的优缺点。
2. 简述 Spring Boot 两种配置文件的特点。
3. 实现用户登录失败后前端显示提示信息的功能。

项目三
实现商品列表显示功能

列表的显示是开发任务中常见的一项功能，本项目将完成网上商城后台管理系统中商品列表的显示。

知识目标

- 掌握Thymeleaf的模板语法。
- 理解转发（forward）和重定向（redirect）的区别。
- 掌握在Web开发中何时使用转发，何时使用重定向。
- 掌握分页插件PageHelper的使用方式。

技能目标

- 能够运用Thymeleaf的高级特性，如条件判断、循环迭代等，提高模板的灵活性和可维护性。
- 在遇到模板渲染问题、转发与重定向问题时，能够迅速定位问题原因并给出解决方案。

素养目标

- 能够遵守团队规范，如代码风格、命名规范等，保持代码的可读性和可维护性。
- 能够对自己的工作负责，确保编写的Thymeleaf模板符合项目需求和质量标准。
- 能够将所学知识应用于实际工作中，不断提高自己的专业技能和综合素质。

任务一　显示商品列表

任务目标

- 掌握MyBatis中一对一关系的映射。

- 理解转发和重定向这两种页面跳转方式的特点。
- 掌握Spring Boot中转发与重定向的实现方式。

任务描述

本任务将实现将商品数据从数据库的Goods表中查询出来,以列表的形式展示出来。

相关知识

● 视 频

显示商品列表
相关知识点

一、理解转发与重定向

转发和重定向是Web开发中常用的两种页面跳转方式,它们有以下区别:

1. 执行流程

(1)转发:发起请求后,服务器直接将请求转发到目标页面,目标页面的处理结果会直接返回给客户端,客户端并不知道发生了转发。整个过程只有一个请求,服务器端处理一次。

(2)重定向:发起请求后,服务器返回一个包含新地址的响应给客户端,客户端会重新发起请求到新地址,然后服务器再处理这个新的请求。整个过程有两个请求和两次响应。

2. 地址栏显示

(1)转发:地址栏的URL保持原有的请求地址,不会改变。

(2)重定向:地址栏的URL会显示重定向后的新地址。

3. 请求对象和响应对象

(1)转发:请求对象和响应对象是同一个对象,因为只有一个请求。

(2)重定向:请求对象和响应对象是两个不同的对象,因为有两个请求和两次响应。

4. 可访问性

(1)转发:转发后的目标页面可以访问原始请求的参数和属性。

(2)重定向:重定向后的新页面不能直接访问原始请求的参数和属性,需要使用其他方式传递参数,如URL参数、Session等。

5. 跳转范围

(1)转发:只能在当前Web应用内进行转发。

(2)重定向:可以在不同的Web应用之间进行重定向。

可以根据实际的需求,选择适合的方式来进行页面跳转。如果需要在不同的应用之间跳转或希望地址栏显示新的URL,就使用重定向;如果只是在当前应用内进行页面跳转且保持地址栏不变,就使用转发。

二、Spring Boot中转发与重定向的实现方式

在Spring Boot中,可以使用控制器(controller)来实现转发和重定向。下面是一些示例代码:

(1)转发(forward):

```
@Controller
```

```
public class MyController{
    @RequestMapping("/forward")
    public String forward(){
        return "forward:/new-url";
    }

    @RequestMapping("/new-url")
    public String newUrl(){
        // 处理转发后的逻辑
        return "forwarded-page";
    }
}
```

在上面的代码中，/forward 路径会将请求转发到 /new-url 路径上，然后 /new-url 路径中的方法会处理转发后的逻辑。forward:/new-url 用于指定转发的目标路径。

（2）重定向（redirect）：

```
@Controller
public class MyController{
    @RequestMapping("/redirect")
    public String redirect(){
        return "redirect:/new-url";
    }

    @RequestMapping("/new-url")
    public String newUrl(){
        // 处理重定向后的逻辑
        return "redirected-page";
    }
}
```

在上面的代码中，/redirect路径会将请求重定向到/new-url路径上，然后/new-url路径中的方法会处理重定向后的逻辑。redirect:/new-url用于指定重定向的目标路径。

三、Results和@Result注解

在MyBatis中，@Results和@Result注解用于在Mapper接口的方法上直接定义结果映射，这种方式避免了编写XML映射文件。这些注解提供了一种声明性的方式来告诉MyBatis如何将数据库查询的结果集映射到Java对象上。

（一）@Results注解

@Results注解用于定义一组结果映射，它通常包裹在Mapper接口的方法上。这个注解可以包含多个@Result注解，每个@Result注解都定义了结果映射的一个部分。

@Results注解有以下两个属性：

（1）id：这个属性是可选的，用于给这组结果映射指定一个唯一的标识符，以便在其他地方引用（例如，通过<association>或<collection>的resultMap属性）。

（2）value或results：这个属性（取决于使用的MyBatis版本，有些版本可能使用value，有些版本可能使用results）包含了@Result注解的数组，定义了具体的映射规则。

（二）@Result注解

@Result注解用于定义单个结果映射规则。它告诉MyBatis如何将数据库中的列映射到Java对象的属性上。

@Result注解有以下属性：

（1）property：Java对象的属性名，结果集的列值将被映射到这个属性上。

（2）column：数据库中的列名，MyBatis将从这个列中获取值并映射到Java对象的属性上。

（3）javaType：Java属性的类型，这个属性是可选的，因为MyBatis通常可以通过反射自动推断出Java属性的类型。但在某些情况下，如映射到基本数据类型的包装类时，可能需要显式指定。

（4）jdbcType：数据库列的类型，这个属性也是可选的，MyBatis同样可以通过列名和数据库的元数据来推断出JDBC类型。但在某些情况下，如处理NULLABLE列时，可能需要显式指定。

（5）one/many：这两个属性分别用于一对一和一对多关系的映射。

视频
显示商品列表

任务实施

一、显示数据库中goods表中的所有信息

（一）新建商品实体类

在entity包下新建商品实体类Goods，代码如下：

```java
package com.test.entity;

import java.util.Date;

public class Goods{
    private Integer id;
    private Integer categoryId;
    private String code;
    private String name;
    private Double price;
    private Integer quantity;
    private Integer saleQuantity;
    private Date addtime;
    private Integer hot;
    private String image;

    public Integer getId(){
        return id;
```

```java
    }

    public void setId(Integer id){
        this.id=id;
    }

    public Integer getCategoryId(){
        return categoryId;
    }

    public void setCategoryId(Integer categoryId){
        this.categoryId=categoryId;
    }

    public String getCode(){
        return code;
    }

    public void setCode(String code){
        this.code=code;
    }

    public String getName(){
        return name;
    }

    public void setName(String name){
        this.name=ame;
    }

    public Double getPrice(){
        return price;
    }

    public void setPrice(Double price){
        this.price=price;
    }

    public Integer getQuantity(){
        return quantity;
    }

    public void setQuantity(Integer quantity){
```

```
        this.quantity=quantity;
    }

    public Integer getSaleQuantity(){
        return saleQuantity;
    }

    public void setSaleQuantity(Integer saleQuantity){
        this.saleQuantity=saleQuantity;
    }

    public Date getAddtime(){
        return addtime;
    }

    public void setAddtime(Date addtime){
        this.addtime=addtime;
    }

    public Integer getHot(){
        return hot;
    }

    public void setHot(Integer hot){
        this.hot=hot;
    }

    public String getImage(){
        return image;
    }

    public void setImage(String image){
        this.image=mage;
    }

}
```

（二）新建商品持久化接口

在dao包下新建商品持久化接口GoodsDao，添加queryAllGoods()方法，实现从数据库查询所有商品的信息，代码如下：

```
package com.test.dao;

import com.test.entity.Goods;
```

```
import org.apache.ibatis.annotations.*;

import java.util.List;

@Mapper
public interface GoodsDao{

    @Results({
            @Result(column="category_id",property="categoryId"),
            @Result(column="sale_quantity",property="saleQuantity")
    })
    @Select("select * from goods")
    List<Goods> queryAllGoods();
}
```

在上述代码中，商品信息表goods中的category_id字段与商品信息实体类Goods中的属性名不一致，要想获得category_id的值，此时必须用@Result注解指定数据库字段名和属性名的对应关系；sale_quantity字段处理方式同category_id字段；goods表中的其他字段名和实体类中的属性名一致，则可以省略不写。

（三）实现业务逻辑层

（1）在service包下新建商品业务逻辑接口GoodsService，添加查询所有商品的方法queryAllGoods()，代码如下：

```
package com.test.service;

import com.test.entity.Goods;
import java.util.List;

public interface GoodsService{
    List<Goods> queryAllGoods();
}
```

（2）在impl包下新建接口GoodsService的实现类GoodsServiceImpl，代码如下：

```
package com.test.service.impl;

import com.test.dao.GoodsDao;
import com.test.entity.Goods;
import com.test.service.GoodsService;
import jakarta.annotation.Resource;
import org.springframework.stereotype.Service;

import java.util.List;
```

```java
@Service("goodsService")
public class GoodsServiceImpl implements GoodsService{
    @Resource
    private GoodsDao goodsDao;

    @Override
    public List<Goods> queryAllGoods(){
        return goodsDao.queryAllGoods();
    }
}
```

(四)新建请求控制类

在controller包下新建请求控制类GoodsCtrl,添加getGoodsList()方法,用于接收前端查询所有商品的请求,代码如下:

```java
package com.test.controller;

import com.test.service.GoodsService;
import jakarta.annotation.Resource;
import org.springframework.stereotype.Controller;
import org.springframework.ui.Model;
import org.springframework.web.bind.annotation.*;

import java.util.List;

@Controller
@RequestMapping("/admin/goods")
public class GoodsCtrl{
    @Resource
    GoodsService goodsService;

    @RequestMapping(value="getGoodsList",method={RequestMethod.GET,RequestMethod.POST})
    public String getGoodsList(Model model){
        List goodsList=goodsService.queryAllGoods();
        model.addAttribute("goodsList", goodsList);
        return "goodsList";
    }
}
```

(五)实现前端页面显示

(1)在static/local/css目录下新建层叠样式表goodsList.css,添加如下代码:

```css
#right>table{
    width: 76vw;
```

```
}

.width150{
    width: 150px;
}

.listimg{
    width: 30px;
    height: 30px;
}
```

（2）在static目录下新建css目录，在static/css目录下添加layer的样式类layer.css。

（3）在static目录下新建js目录，在static/js目录下添加jQuery脚本文件jquery-3.6.4.js和layer.js。

（4）在static/local目录下新建js目录，在static/local/js目录下新建JavaScript脚本文件goodsList.js，添加如下代码：

```
$(function(){
    $(".width150").on("mouseenter",function(){
        var that=this;
        var text=$(this).find("input").val();
        layer.tips(text, that,{
            tips: 1,
            time: 2000
        });
    });
})
```

当商品名称特别长时，默认只显示10个字符，该方法实现当鼠标移动到商品名称上时，显示全部商品名称。

（5）在templates目录下新建HTML页面goodsList.html，用于商品列表的显示，添加如下代码：

```
<!DOCTYPE html>
<html lang="en" xmlns:th="http://www.thyme××××.org">
<head>
    <meta charset="UTF-8">
    <title>Title</title>
    <link th:href="@{/local/css/goodsList.css}" rel="stylesheet">
    <link th:href="@{/css/layer.css}" rel="stylesheet">
</head>

<body>
<table>
    <tr>
        <th>商品ID</th>
```

```html
        <th>商品编号</th>
        <th>商品名称</th>
        <th>商品类别</th>
        <th>商品单价</th>
        <th>库存</th>
        <th>销售量</th>
        <th>添加时间</th>
        <th>热销</th>
        <th>图片</th>
    </tr>
    <tr th:each="goods:${goodsList}">
        <td th:text="${goods.getId()}"></td>
        <td th:text="${goods.getCode()}"></td>
        <td class="width150">
            <span th:text="${#strings.abbreviate(goods.getName(),10)}"></span>
            <input type="hidden" th:value="${goods.getName()}">
        </td>
        <td th:text="${goods.getCategoryId()}"></td>
        <td th:text="${goods.getPrice()}"></td>
        <td th:text="${goods.getQuantity()}"></td>
        <td th:text="${goods.getSaleQuantity()}"></td>
            <td th:text="${#dates.format(goods.getAddtime(),'yyyy-mm-dd hh:MM:ss')}"></td>
        <td>
            <span th:if="${goods.getHot()} eq 1">是</span>
            <span th:unless="${goods.getHot()} eq 1">否</span>
        </td>
        <td>
            <img class="listimg" th:src="${goods.getImage()}" alt="商品图片">
        </td>
    </tr>
</table>

</body>
<script th:src="@{/js/jquery-3.6.4.js}"></script>
<script th:src="@{/local/js/goodsList.js}"></script>
<script th:src="@{/js/layer.js}"></script>
</html>
```

（六）修改doLogin()方法

修改控制层类AdminuserCtrl中的doLogin()方法，当用户登录成功时，跳转到商品列表页面。AdminuserCtrl中的部分代码如下：

```
@Controller
@RequestMapping("/admin")
public class AdminuserCtrl{

    // 省略部分代码……
    @RequestMapping("/doLogin")
    public String doLogin(Adminuser adminuser, Model model){
        Adminuser admin=adminuserService.getAdminuser(adminuser);
        if(admin==null){
            model.addAttribute("msg","用户名或者密码不正确");
            return "login";
        }
        return "redirect:/admin/goods/getGoodsList";
    }
}
```

用户登录成功打开商品列表页面，需要到数据库取数据，所以在上述代码中，通过重定向的方式请求商品列表。

（七）打开商品列表页面

启动项目测试，在浏览器中输入http://localhost:8080/admin/goods/toLogin，打开登录页面，输入正确的用户名和密码，单击"提交"按钮，则打开商品列表页面。效果如图3-1所示。

商品ID	商品编号	商品名称	商品类别	商品单价	库存	销售量	添加时间	热销	图片
1	G0101	青春之歌	1	29.0	996	4	2021-21-07 10:06:38	否	商品图片
2	G0102	太阳照在桑干河上	1	400.0	947	53	2021-21-07 10:06:38	是	
3	G0103	钢铁是怎样炼成的	1	399.0	998	2	2021-21-07 10:06:38	否	
4	G0104	会说话的唐诗三…	1	29.0	995	5	2021-33-07 04:08:22	否	
5	G0201	扬州雅润金丝楠…	2	3580.0	19	1	2021-21-07 10:08:38	否	
6	G0202	海邦电钢琴重锤…	2	1088.0	97	3	2021-21-07 10:08:38	否	
7	G0301	国联水产大虾鲜…	3	294.4	959	41	2021-31-07 04:09:12	是	
8	G0302	现挖鱼腥草野菜…	3	25.8	989	11	2021-47-23 03:09:10	否	
9	G0303	鱿鱼鲜活新鲜超…	3	69.9	985	15	2021-25-30 12:09:55	否	

图3-1 商品列表页面

二、显示类别名称

从图3-1中，我们可以看到商品类别显示的是类别ID，但在实际应用中此处应该显示商品类别名称。类别名称实在商品类别表中，下面我们将通过实体之间的对应关系来实现商品类别名称的显示。

（一）创建商品类别实体类

在entity包中创建商品类别实体类Category，代码如下：

```
package com.test.entity;

public class Category{

    private Integer id;
    private String name;

    public Integer getId(){
        return id;
    }

    public void setId(Integer id){
        this.id=id;
    }

    public String getName(){
        return name;
    }

    public void setName(String name){
        this.name=name;
    }
}
```

(二)修改商品实体类

修改商品实体类Goods,添加商品类别属性,并添加该属性的getter和setter方法。Goods类部分代码如下:

```
public class Goods implements Serializable{

    // 省略部分代码……
    private Category category;

    public Category getCategory(){
        return category;
    }

    public void setCategory(Category category){
        this.category=category;
    }
}
```

(三)创建商品类别持久化接口

在dao包中创建商品类别持久化接口CategoryDao,添加根据ID获取类别的方法queryBytID(),代码如下：

```
package com.test.dao;

import com.test.entity.Category;
import org.apache.ibatis.annotations.*;

@Mapper
public interface CategoryDao{
    @Select("select * from category where id=#{cid}")
    Category queryBytID(Integer cid);
}
```

（四）修改queryAllGoods()方法

修改持久化接口GoodsDao中的queryAllGoods()方法，根据本书案例的需求分析，一个商品类别ID对应一个商品类别名称，所以此处使用一对一的映射关系来处理。GoodsDao接口部分代码如下：

```
@Mapper
public interface GoodsDao{

    // 省略部分代码……
    @Results({
        @Result( column="category_id",property="categoryId"),
        @Result( column="sale_quantity",property="saleQuantity"),
        @Result( column="category_id",property="category",
                javaType=Category.class,one=@One(select="com.test.dao.CategoryDao.queryBytID"))
    })
    @Select("select * from goods")
    List<Goods> queryAllGoods();

}
```

在上述代码中，@Result(column = "category_id",property = "category"、javaType = Category.class,one = @One(select = "com.test.dao.CategoryDao.queryBytID"))是Mybatis的注解化一对一映射，就是将XML中的ResultType属性对应的实体写在@Results注解中。其中的@Result填入实体的属性，而若该属性为实体中的实体，则需要@One注解引入。从@One传递过来的查询条件也需要在主查询语句中查询出来，也就是上面的com.test.dao.CategoryDao.queryBytID需要查询出Category实体对象。

（五）修改goodsList.html页面

将获取类别的位置改成如下代码：

```
<tr th:each="goods:${goodsListPage.list}">
…
    <td th:text="${goods.getCategory().getName()}"></td>
```

```
        <td th:text="${goods.getPrice()}"></td>
        <td th:text="${goods.getQuantity()}"></td>
...
    </tr>
```

（六）启动项目测试

在浏览器中输入http://localhost:8080/admin/toLogin，打开登录页面，输入正确的用户名和密码，单击"提交"按钮，则打开商品列表页面，此时就可以看到商品类别名称能够正确显示。效果如图3-2所示。

图 3-2　商品列表（显示类别名称）

任务二　实现页面复用

任务目标

- 掌握页面复用实现的方式。
- 掌握Thymeleaf片段表达式使用方式。

任务描述

后台管理系统页面一般分为上面顶部菜单、左侧操作栏、中右为内容三部分。有的后台可能会有个底部栏。本书的项目案例作为一个后台管理系统，包含商品模块、订单模块、会员模块等，为了让代码便于维护，顶部菜单、左侧操作栏以及底部栏都可以单独做成页面，然后通过引入页面的形式实现页面的复用。本任务将使用在项目二中学习的Thymeleaf模板引擎提供的片段表达式，实现页面的复用。

项目三 实现商品列表显示功能

相关知识

Thymeleaf片段表达式

在Thymeleaf中，片段表达式（fragment expressions）是一种非常有用的特性，允许用户从一个HTML模板中选取一部分（即一个片段）并将其包含到另一个模板中。这对于构建具有可重用部分（如页眉、页脚、导航栏等）的Web应用尤其有用。

片段表达式语法非常简单，有如下3种不同的格式：

（1）~{templatename :: selector}：templatename表示模板名称(html文件名称)，在Spring Boot项目中就是templates目录下的html文件名称，它根据Spring Boot对Thymeleaf的规则进行映射。selector既可以是th:fragment定义的片段名称，也可以是选择器，如标签的id 值、CSS选择器或者XPath等。

（2）~{templatename}：包含名为templatename的整个模板。

（3）~{:: selector}或~{this :: selector}：包含在同一模板中的指定选择器的片段。

任务实施

下面借助Thymeleaf片段表达式，将商品列表页面改成如图3-3所示的样式。

图3-3 引入模板后的页面

一、新建层叠样式

在static/local/css/目录下新建层叠样式类main.css，添加如下代码：

```
#msg{
    color: red;
    height: 6vh;
```

```css
    vertical-align: bottom;
}

table{
    border: darkcyan 1px solid;
}

table tr{
    height: 45px;
}

.bg2{
    background-color: lightgrey
}

#logout, #uName, #btnFresh{
    float: right;
}

input[type="submit"]{
    cursor: pointer;
}

input, select, textarea{
    border: lightseagreen 1px solid;
}

#top{
    text-align: right;
    height: 60px;
    background-color: darkcyan;
}

#bottom{
    background-color: lightseagreen;
    text-align: center;
    height: 40px;
}

#middle{
    height: calc(100vh-100px);
    clear: both;
}
```

```css
#left{
    width: 15vw;
    font: bold 22px "宋体";
    background-color: lightseagreen;
    height: calc(100vh-100px);
    padding-top: 40px;
}

#left>ul>li{
    list-style: none;
    line-height: 60px;
    padding-left: 10px;
}

#left>ul>li>a{
    text-decoration: none;
    color: white;
}

#left>ul>li>a:hover{
    font: bold 25px "宋体";
    color: red;
}

#left, #right{
    float: left;
}

#right{
    padding: 10px 40px;
    margin: 0 auto;
}

.display_none{
    display: none;
}

.trbg{
    background-color: #eeeeee;
}
```

```
span {
    padding-left: 30px;
}
```

二、创建三个页面

在templates目录下创建三个html页面,分别是顶部栏head.html、左侧操作栏left.html、底部栏bottom.html。代码分别如下:

(1) head.html页面:

```
<!DOCTYPE html>
<html lang="en" xmlns:th="http://www.thyme××××.org">
<head>
    <meta name="viewport" content="width=device-width,initial-scale=1"/>
    <meta charset="UTF-8">
    <title>头部页面</title>
    <link th:href="@{/local/css/main.css}" rel="stylesheet">
</head>
<body>
<div id="top" th:fragment="top">
    <input id="btnFresh" type="button" value="刷新">
    <form th:action="@{/logout}" method="post">
        <input id="logout" type="submit" value="退出登录">
    </form>
</div>
<script th:src="@{/js/jquery-3.6.4.js}"></script>
<script th:src="@{/local/js/commom.js}"></script>
</body>
</html>
```

(2) left.html页面:

```
<!DOCTYPE html>
<html lang="en" xmlns:th="http://www.thyme××××.org">
<head>
    <meta charset="UTF-8">
    <title>左部侧边栏</title>
</head>
<body>
<div id="left" th:fragment="left">
    <ul>
        <li>
            <a th:href="@{/admin/users/getUserList}">会员管理</a>
```

```
            </li>
            <li>
                <a th:href="@{/admin/category/categoryList}">商品类别管理</a>
            </li>
            <li>
                <a th:href="@{/admin/goods/getGoodsList}">商品管理</a>
            </li>
            <li>
                <a th:href="@{/admin/orders/getOrdersList}">订单管理</a>
            </li>
            <li>
                <a th:href="@{/admin/users/getUserList}">管理员管理</a>
            </li>
            <li>
                <a href="#">个人信息</a>
            </li>
        </ul>
    </div>
</body>
</html>
```

（3）bottom.html页面：

```
<!DOCTYPE html>
<html lang="en" xmlns:th="http://www.thyme××××.org">
<head>
    <meta charset="UTF-8">
    <title>底部页面</title>
</head>
<body>
    <div id="bottom" th:fragment="bottom" >
        <span>xxxxxxxxx@copyright</span>
    </div>
</body>
</html>
```

三、修改goodsList.html页面

分别引入顶部栏head.html、左侧操作栏left.html、底部栏bottom.html。goodsList.html页面部分代码如下：

```
<body>
<div id="top" th:replace="head.html"></div>
<div id="middle">
```

```html
        <div id="left" th:replace="left.html::left"></div>
        <div id="right">
            <table>
                // 省略代码与任务一中的内容一致
            </table>
        </div>
    </div>
</div>
<div id="bottom" th:include="bottom.html::bottom"></div>
</body>
```

在上述代码中，th:replace="head.html"是将整个head.html页面包含到goodsList.html页面中，th:replace="left.html::left"是将left.html页面中使用th:fragment="left"声明的片段包含到该页面中。

四、启动项目测试

在浏览器中输入http://localhost:8080/admin/toLogin，打开登录页面，输入正确的用户名和密码，单击"提交"按钮，打开如图3-3所示页面。

任务三　使用 PageHelper 实现商品列表分页

任务目标

掌握分页插件PageHelper的使用方式。

任务描述

分页功能作为各类网站和系统不可或缺的部分，当一个页面数据量大的时候分页作用就体现出来。其作用有以下五个：

- 减少系统资源的消耗。
- 提高数据库的查询性能。
- 提升页面的访问速度。
- 符合用户的浏览习惯。
- 适配页面的排版。

而分页查询或分页导出的实现过程比较烦琐，需要考虑很多细节问题，容易出错。因此，出现了一些支持分页查询或分页导出的插件或工具类，例如，github提供的PageHelper分页插件。它可以让用户仅仅设置起始页码和分页大小就可以轻松地完成分页功能。本任务将使用PageHelper插件实现商品列表的分页功能。

相关知识

PageHelper是MyBatis的一个分页插件，它主要用于实现数据库的分页查询功能，以优化大量数据加载时的性能。以下是对PageHelper的详细介绍：

视 频

使用PageHelper
实现商品列表
分页相关知识点

一、PageHelper概述

PageHelper是一款开源的MyBatis分页插件，它支持多种数据库，如MySQL、Oracle、MariaDB、SQLite、Hsqldb等，能够有效地缩减开发人员的分页处理代码量，提升开发效率。PageHelper通过拦截MyBatis的查询操作，并在执行SQL之前添加分页逻辑，从而实现对查询结果的分页处理。

二、PageHelper特点

（1）无侵入性：使用PageHelper对MyBatis进行分页处理时，不需要修改原有的SQL语句、Mapper接口和XML文件，减少了代码修改的工作量。

（2）易用性：只需要在项目中引入PageHelper的依赖，并通过简单的代码调用即可实现分页功能，降低了学习成本和使用难度。

（3）强大的功能：PageHelper支持复杂的分页查询功能，如排序、聚合查询、连表查询等，并且支持多种数据库，能够满足不同场景下的分页需求。

（4）高度自定义：PageHelper提供了丰富的配置选项和自定义功能，如自定义拦截器、分页合理化等，可以根据实际需要进行灵活配置和使用。

三、PageHelper使用方式

（1）引入依赖：在项目的pom.xml文件中引入PageHelper的依赖。如果是Spring Boot项目，可以选择引入pagehelper-spring-boot-starter依赖，以便自动配置PageHelper。

（2）配置：通过配置文件（如application.yml或application.properties）或Java代码进行配置。配置项包括数据库类型、是否启用合理化查询、是否支持接口参数传递分页参数等。

（3）分页查询：在需要进行分页查询的方法中，首先调用PageHelper.startPage(pageNum, pageSize)方法，传入当前页码和每页显示的记录数，然后执行查询操作，PageHelper会自动对查询结果进行分页处理。最后，可以通过PageInfo对象获取分页信息，如总记录数、总页数、当前页数据列表等。

四、PageHelper实现原理

PageHelper的实现原理基于MyBatis的插件机制（interceptor），通过拦截MyBatis的查询操作来实现分页功能。具体步骤如下：

（1）拦截查询操作：在执行MyBatis的查询操作之前，PageHelper会拦截该操作，并获取分页参数（如页码、每页记录数等）。

（2）修改SQL语句：根据分页参数和当前数据库类型，PageHelper会修改原始的SQL语句，为其添加分页逻辑（如LIMIT子句）。

（3）执行分页查询：将修改后的SQL语句发送给数据库执行，并获取分页查询结果。

（4）返回分页结果：将分页查询结果封装为Page对象或PageInfo对象，并返回给调用者。调用者可以通过Page对象或PageInfo对象获取分页信息，如总记录数、总页数、当前页数据列表等。

五、注意事项

（1）避免一次加载过多数据：虽然PageHelper可以优化分页查询性能，但如果一次加载的数据量过大，仍可能对系统性能产生影响。因此，应合理设置每页显示的记录数。

（2）Java版本兼容性：不同版本的PageHelper对Java版本的兼容性可能有所不同。在使用时，应注意检查当前Java版本与PageHelper版本的兼容性。

（3）分页参数设置：在调用PageHelper.startPage(pageNum, pageSize)方法时，应确保分页参数（如页码、每页记录数）设置正确，否则可能导致查询结果不正确。

综上所述，PageHelper是一款功能强大、易于使用的MyBatis分页插件，它能够帮助开发人员快速实现分页查询功能，并提升系统性能。

视频 使用PageHelper实现商品列表分页

任务实施

下面通过Spring Boot整合PageHelper，实现商品列表的分页功能。

一、添加PageHelper启动器依赖

在pom.xml文件中添加PageHelper启动器依赖。pom.xml文件部分代码如下：

```xml
<dependency>
    <groupId>com.github.pagehelper</groupId>
    <artifactId>pagehelper-spring-boot-starter</artifactId>
    <version>1.4.6</version>
</dependency>
```

二、实现业务逻辑层

（1）在GoodsService接口中，添加实现分页查询的方法queryAllByPage()。GoodsService部分代码如下：

```java
public interface GoodsService{
    PageInfo<Goods> queryAllByPage(Integer pageNum, Integer pageSize);
}
```

在上述代码中，PageInfo是需要返回的对象类型，里面封装了包含数据库对应的实体类对象数据的List集合；pageNum指定了查询第几页数据；pageSize指定每一页显示多少条数据。

（2）在GoodsServiceImpl类中，实现queryAllByPage()方法。GoodsServiceImpl部分代码如下：

```java
@Service("goodsService")
public class GoodsServiceImpl implements GoodsService{
```

```
    // 省略部分代码……

    @Override
    public PageInfo<Goods> queryAllByPage(Integer pageNum, Integer pageSize)
    {
        PageHelper.startPage(pageNum, pageSize);
        List<Goods> goods = goodsDao.queryAll();
        PageInfo<Goods> pageInfo = new PageInfo<>(goods);
        return pageInfo;
    }
}
```

在上述代码中，首先调用了PageHelper的startPage()方法，传入了当前页码数和每页显示的条数，然后调用了goodsDao的queryAll()方法查询商品列表。最后通过PageInfo获取分页信息，包括总记录数、当前页码数、每页显示的条数等信息。

> 注意：因为已经使用分页的形式来实现商品列表，所以service层的queryAllGoods()方法已经不需要了，删掉即可。

三、修改getGoodsList()方法

在控制层，修改GoodsCtrl类中的getGoodsList()方法。GoodsCtrl部分代码如下：

```
@Controller
@RequestMapping("/admin")
public class GoodsCtrl{

    // 省略部分代码……

    @RequestMapping(value="getGoodsList", method={RequestMethod.GET,
RequestMethod.POST})
    public String getGoodsList(
    @RequestParam(value="pageNum", required=false, defaultValue = "1")
Integer pageNum,
    @RequestParam(value="pageSize", required=false, defaultValue = "3")
Integer pageSize,Model model){
        PageInfo<Goods> goodsListPage=goodsService.queryAllByPage(pageNum,
pageSize);
        model.addAttribute("goodsListPage", goodsListPage);
        return "goodsList";
    }
}
```

在上述示例中，通过@RequestParam注解将请求参数pageNum和pageSize分别绑定到方法的参数pageNum和pageSize上。将查询出来的分页结果放入goodsListPage变量，通过Model对象传递到前端。

四、实现前端页面显示

（1）在static/local/css/目录下新建层叠样式类page.css，用于分页样式，添加如下代码：

```css
.pagelist li{
    float: left;
}
.pagelist li a{
    color: black;
}
.pagelist li  a[class="active"]{
    color: red;
    font-weight:  bold ;
}
```

（2）在templates目录下创建HTML页面page.html，添加如下代码：

```html
<!DOCTYPE html>
<!--suppress ThymeleafVariablesResolveInspection -->
<html lang="en" xmlns:th="http://www.thyme××××.org">
<head>
    <meta name="viewport" content="width=device-width,initial-scale=1"/>
    <meta charset="UTF-8">
    <title>分页页面</title>
</head>
<body>
<div th:fragment="myPage(pageInfo,path)">
    <div class="">
        当前第 <span th:text="${pageInfo.pageNum}"></span> 页,
        共 <span th:text="${pageInfo.pages}"></span> 页,
        <span th:text="${pageInfo.total}"></span> 条记录
    </div>

    <ul class="pagelist" style="list-style: none">
        <li th:if="${pageInfo.hasPreviousPage}" }>
            <a th:href="${path}+'?pageNum=1'">首页</a> 
        </li>
        <li th:if="${pageInfo.hasPreviousPage}">
            <a th:href="${path}+ '?pageNum='+${pageInfo.prePage}">上一页</a> 
        </li>
        <li th:each="nav:${pageInfo.navigatepageNums}">（3）
            <a th:href="${path}+'?pageNum='+${nav}" th:text="${nav}" th:if="${nav != pageInfo.pageNum}"></a>
            <a th:class="${'active'}" th:if="${nav==pageInfo.pageNum}" th:text="${nav}"></a> 
```

```
            </li>
            <li th:if="${pageInfo.hasNextPage}">
                <a th:href="${path}+'?pageNum='+${pageInfo.nextPage}">下一页</a> 
            </li>
            <li th:if="${pageInfo.pageNum < pageInfo.pages}">
                <a th:href="${path}+'?pageNum='+${pageInfo.pages}">尾页</a>
            </li>
        </ul>
    </div>
</body>
</html>
```

（3）修改goodsList.html页面，修改部分代码（加粗部分）如下：

```
<!DOCTYPE html>
<html lang="en" xmlns:th="http://www.thyme××××.org">
<head>
    <meta charset="UTF-8">
    <title>商品列表页面</title>
    <link th:href="@{/local/css/goodsList.css}" rel="stylesheet">
    <link th:href="@{/css/layer.css}" rel="stylesheet">
    <link th:href="@{/local/css/page.css}" rel="stylesheet">
</head>
<body>
<div id="top" th:replace="head.html"></div>
<div id="middle">
    <div id="left" th:replace="left.html::left"></div>
    <div id="right">
        <table>
            <tr>
                <th>商品ID</th>
                <th>商品编号</th>
                <th>商品名称</th>
                <th>商品类别</th>
                <th>商品单价</th>
                <th>库存</th>
                <th>销售量</th>
                <th>添加时间</th>
                <th>热销</th>
                <th>图片</th>
            </tr>
            <tr th:each="goods:${goodsListPage.list}">
                <td th:text="${goods.getId()}"></td>
                <td th:text="${goods.getCode()}"></td>
```

```html
                    <td class="width150">
                        <span th:text="${#strings.abbreviate(goods.getName(),10)}">
</span>
                        <input type="hidden" th:value="${goods.getName()}">
                    </td>
                    <td th:text="${goods.getCategory().getName()}"></td>
                    <td th:text="${goods.getPrice()}"></td>
                    <td th:text="${goods.getQuantity()}"></td>
                    <td th:text="${goods.getSaleQuantity()}"></td>
                    <td th:text="${#dates.format(goods.getAddtime(),'yyyy-mm-dd hh:mm:ss')}"></td>
                    <td>
                        <span th:if="${goods.getHot()} eq 1">是</span>
                        <span th:unless="${goods.getHot()} eq 1">否</span>
                    </td>
                    <td>
                        <img class="listimg" th:src="${goods.getImage()}">
                    </td>
                </tr>
            </table>
            <div th:replace="~{page.html::myPage(${goodsListPage},'/admin/goods/getGoodsList')}"></div>
        </div>
    </div>
</div>
<div id="bottom" th:include="bottom.html::bottom"></div>
</body>

<script th:src="@{/js/layer.js}"></script>
<script th:src="@{/local/js/goodsList.js}"></script>
</html>
```

五、配置文件和参数

根据需要，可以在Spring Boot全局配置文件application.properties(或者application.yml)中配置PageHelper的参数。application.properties示例代码如下：

```
pagehelper.helper-dialect=mysql
pagehelper.reasonable=false
pagehelper.support-methods-arguments=true
```

六、启动项目测试

在浏览器中输入http://localhost:8080/admin/toLogin，打开登录页面，输入正确的用户名和密码，单击"提交"按钮,则打开商品列表页面,此时商品列表分页功能已经实现,效果如图3-4所示。

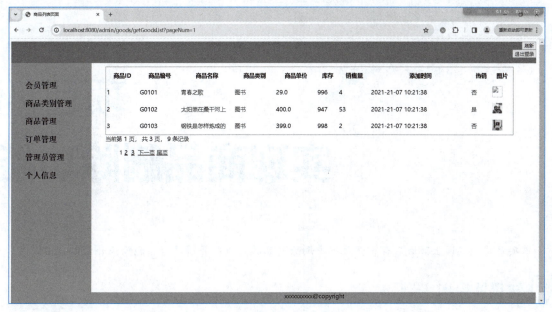

图 3-4 使用分页之后的商品列表页面

习题

1. 简述转发与重定向的区别。
2. 简述 PageHelper 插件的特点。
3. 使用 PageHelper 插件,实现商品列表页的分页功能。

项目四
实现商品删除功能

本项目将完成网上商城后台管理系统中删除商品的功能,并通过商品删除来介绍Restful风格。

知识目标

- 掌握使用Mybatis提供的@Delete注解删除数据。
- 掌握Restful API设计中HTTP方法的使用。
- 理解RESTful API的URI设计原则,以及如何在URI中表达资源及其关系。

技能目标

- 在实际操作中,能够准确、高效地执行数据删除操作,并能够处理可能出现的异常情况。
- 能够根据Restful风格设计API接口。

素养目标

- 能够对自己的工作负责,快速定位并解决删除操作中遇到的异常或错误。
- 遵守行业规范和法律法规,保护用户隐私和数据安全。

任务一　实现通过 ID 删除商品功能

任务目标

- 掌握删除数据的操作。
- 理解@PathVariable注解的用法。

任务描述

实现通过ID删除商品功能相关知识点

数据删除功能在后台管理系统中不可或缺,本任务将在实现商品列表的基础上,实现商品删除功能。

相关知识

@PathVariable注解

@PathVariable是Spring MVC中的一个注解,用于绑定URI中的模板变量到方法参数中。当在URI中使用"{ }"来定义一个变量时,可以在方法参数上使用@PathVariable注解并指定该变量的名称,Spring MVC框架会将请求URI中的变量值绑定到方法参数中,并使得开发者可以方便地获取请求端点的参数。例如:

```
@RequestMapping("/users/{userId}")
public User getUser(@PathVariable("userId") int id){
    return userService.getUser(id);
}
```

在这个例子中,{userId}占位符将从URL中提取一个整数,然后该整数会被传递给getUser()方法。这通过@PathVariable("userId")注解实现,它将URL的一部分映射到getUser()函数的id参数上。

> **注意:** URL中模板变量的名字(在这个例子中为userId)要和@PathVariable注解中的名字相同。

任务实施

实现通过ID删除商品功能

下面实现商品的删除功能,具体步骤如下:

一、实现Dao层

在接口GoodsDao中添加方法deleteById(),实现根据商品ID删除商品。部分GoodsDao代码如下:

```
@Mapper
public interface GoodsDao{
        // 省略部分代码……
        @Delete("delete from goods where id = #{id}")
        int deleteById(Integer id);
    }
```

在上述代码中,@Delete注解将方法与SQL语句delete from goods where id = #{id}关联起来。此SQL语句将删除位于goods表中的特定的商品,根据给定的id进行匹配。

二、创建实体类

在entity包下,创建实体类Response,用于封装业务逻辑层返回的信息。实体类Response的代码如下:

```java
package com.test.entity;
import java.io.Serializable;

public class Response<T> implements Serializable{

    private boolean success=true;           // 执行状态
    private String message;                 // 提示信息
    private T data;                         // 数据

    public static <T> Response<T> fail(){
        Response<T> response=new Response<>();
        response.setSuccess(false);
        return response;
    }

    public static <T> Response<T> fail(String msg){
        Response<T> response=new Response<>();
        response.setSuccess(false);
        response.setMessage(msg);
        return response;
    }

    public static <T> Response<T> success(T data){
        Response<T> response=new Response<>();
        response.setData(data);
        return response;
    }

    public static <T> Response<T> success(String msg){
        Response<T> response=new Response<>();
        response.setMessage(msg);
        return response;
    }

    public static <T> Response<T> success(String msg,T data){
        Response<T> response=new Response<>();
        response.setData(data);
        response.setMessage(msg);
        return response;
    }
```

```java
    public boolean isSuccess(){
        return success;
    }

    public void setSuccess(boolean success){
        this.success=success;
    }

    public String getMessage(){
        return message;
    }

    public void setMessage(String message){
        this.message=message;
    }

    public T getData(){
        return data;
    }

    public void setData(T data){
        this.data=data;
    }
}
```

Response类中的属性及方法，可以根据实际情况进行编写。另外，Response类实现了Serializable接口，是为了在项目九中使用Redis缓存而准备的，现在不实现Serializable接口也可以，只需要使用Redis缓存时再添加即可。

三、实现业务逻辑层

（1）在接口GoodsService中添加deleteById()方法。部分GoodsService代码如下：

```java
public interface GoodsService{

    // 省略部分代码……
    Response<Goods> deleteById(int gdID);
}
```

（2）在实现类GoodsServiceImpl中实现deleteById()方法，部分GoodsServiceImpl代码如下：

```java
@Service("goodsService")
public class GoodsServiceImpl implements GoodsService{

    // 省略部分代码……
    @Override
    public Response<Goods> deleteById(int gdID){
```

```
    Response<Goods> res=null;
    int num=goodsDao.deleteById(gdID);
    if (num>0){
        res=Response.success("商品删除成功！");
    } else{
        res=Response.fail("商品删除失败！");
    }
    return res;
}
```

在上述代码中，并没有考虑数据库中数据的完整性，例如，某商品在订单商品详情表中出现，按照上述代码的逻辑以及数据库表中没有添加外键约束，该商品会被删除。在实际开发中，需要根据需求设计，决定是添加外键还是使用商品历史表等进行处理，这里只是为了讲解如何删除数据，其他的问题暂时不考虑。

四、实现Controller层

在控制类GoodsCtrl中添加delGoods()方法，商品接受前端的请求。部分GoodsCtrl代码如下：

```
@Controller
@RequestMapping("/admin")
public class GoodsCtrl{

    // 省略部分代码……
    @GetMapping("/delGoods/{id}")
    public String delGoods(@PathVariable("id") int gdID, Model model){
        model.addAttribute("msg", goodsService.deleteById(gdID).getMessage());
        return "forward:/admin/goods/getGoodsList";
    }
}
```

在上述代码中，路径中的{id}会被替换成具体的商品ID值，并将其绑定到delGoods()方法的id参数中。

五、修改前端页面goodsList.html

添加删除商品的入口及显示提示信息的标签，goodsList.html部分代码如下：

```
<body>
<div id="top" th:replace="head.html"></div>
<div id="middle">
    <div id="left" th:replace="left.html::left"></div>
    <div id="right">
        <div id="msg" th:text="${msg}"></div>
        <table>
            <tr>
```

```html
                <th>商品ID</th>
                <th>商品编号</th>
                <th>商品名称</th>
                <th>商品类别</th>
                <th>商品单价</th>
                <th>库存</th>
                <th>销售量</th>
                <th>添加时间</th>
                <th>热销</th>
                <th>图片</th>
                <th>操作</th>
            </tr>
            <tr th:each="goods:${goodsListPage.list}">
                <td th:text="${goods.getId()}"></td>
                <td th:text="${goods.getCode()}"></td>
                <td class="width150">
                    <span th:text="${#strings.abbreviate(goods.getName(),10)}"></span>
                    <input type="hidden" th:value="${goods.getName()}">
                </td>
                <td th:text="${goods.getCategory().getName()}"></td>
                <td th:text="${goods.getPrice()}"></td>
                <td th:text="${goods.getQuantity()}"></td>
                <td th:text="${goods.getSaleQuantity()}"></td>
                <td th:text="${#dates.format(goods.getAddtime(),'yyyy-mm-dd hh:mm:ss')}"></td>
                <td>
                    <span th:if="${goods.getHot()} eq 1">是</span>
                    <span th:unless="${goods.getHot()} eq 1">否</span>
                </td>
                <td>
                    <img class="listimg" th:src="${goods.getImage()}">
                </td>
                <td>
                    <a th:href="@{/admin/goods/delGoods/}+${goods.getId()}">删除</a>
                </td>
            </tr>
        </table>
        <div th:replace="~{page.html::myPage(${goodsListPage},'/admin/goods/getGoodsList')}"></div>
    </div>
</div>
</div>
<div id="bottom" th:include="bottom.html::bottom"></div>
```

```
</body>
```

六、启动项目测试

在商品列表页面单击"删除",可以看到该商品删除成功,效果如图4-1所示。

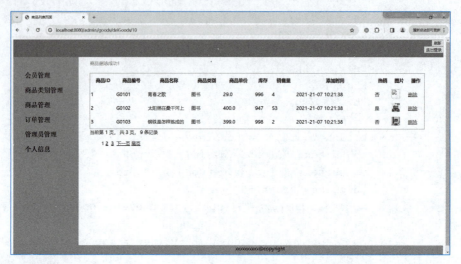

图 4-1 删除商品

任务二 使用 ajax 实现商品删除功能

任务目标

掌握Restful风格的用法。

任务描述

在前后端不分离的应用模式中,前端页面看到的效果都是由后端控制,由后端渲染页面或重定向,前端与后端的耦合度很高。这种应用模式比较适合纯网页应用,但是当后端对接App时,App可能并不需要后端返回一个HTML网页,而仅仅是数据本身,所以后端原本返回网页的接口不再适用于前端。App应用,为了对接App后端还需再开发一套接口。

在前后端分离的应用模式中,后端仅返回前端所需的数据,不再渲染HTML页面,不再控制前端的效果。至于前端用户看到什么效果,从后端请求的数据如何加载到前端中,都由前端自己决定。网页有网页的处理方式,App有App的处理方式,但无论哪种前端,所需的数据都基本相同,后端仅需要开发一套逻辑对外提供数据即可。

由于后端开发人员有不同的数据定义方法,风格迥异,这就造成了前后端开发人员的交流成本,而RESTfuL设计风格为广大开发者所接受。本任务通过商品删除介绍Restful风格的使用方式。

 相关知识

视频

使用ajax实现
商品删除功能
相关知识点

一、认识RESTful风格

RESTful风格是一种遵循REST（Representational State Transfer）架构风格的API设计风格。它强调使用HTTP协议的4个基本动词（GET、PUT、POST和DELETE）来对资源进行访问和操作。

RESTful风格的API具有以下特点：

（1）每个资源都有独一无二的URL地址，通过这个URL可以对该资源进行访问和操作。

（2）使用HTTP动词对资源进行操作，例如GET用来获取资源，PUT用来更新资源，POST用来创建资源，DELETE用来删除资源。

（3）使用HTTP状态码来表示API的执行结果，例如200表示成功，401表示未授权，404表示资源不存在。

（4）资源的表示一般使用JSON或XML格式。

（5）RESTful风格的API设计能够提高API的可读性、可靠性和扩展性，使得不同系统之间的数据交换更加方便和可控。

使用RESTful风格在控制器中的写法如下：

（1）RESTful风格使用@PathVariable获取参数。

（2）value = "请求url中匹配的参数名",url中的参数名用{}括起来，如{goodsName}。

（3）required = true 默认true，表示这个参数是必需的。

（4）只写一个@PathVariable时表示 url中的参数名和方法的形参名称一致。

例如：

```
@RequestMapping("/select/{goodsName}/{password}")
public String select(@PathVariable(value="goodsName",required = true) String name, @PathVariable String password){
    //方法内容
}
```

注意： 页面请求路径的参数不是根据@RequestMapping的路径{}中的参数名来匹配的，而是通过@RequestMapping指定路径的参数顺序来匹配的。

二、@DeleteMapping注解

@DeleteMapping是一种组合注解，是Spring Web模块中的一个注解，用来处理HTTP DELETE请求。它是@RequestMapping注解的变体，专门用来处理DELETE类型的请求。例如：

```
@DeleteMapping("/users/{id}")
public String deleteUser(@PathVariable("id") int id){
    // 删除相应用户的逻辑
    return "用户" + id + "已经被删除";
```

}

上述代码表示，当接收到路径为"/users/{id}"且HTTP请求方法为DELETE的请求时，会调用deleteUser()方法来处理该请求。其中，@PathVariable("id")注解用于将请求路径中的参数{id}绑定到deleteUser()方法的参数id上。

> **注意**：@DeleteMapping只是一种快捷的表达方式，等同于@RequestMapping(value = "/users/{id}", method = RequestMethod.DELETE)。

任务实施

一、实现Controller层

在控制类GoodsCtrl中添加delGoods2()方法，商品接收前端的请求。部分GoodsCtrl代码如下：

```
@Controller
@RequestMapping("/admin")
public class GoodsCtrl{

    // 省略部分代码……
    @ResponseBody
    @DeleteMapping("{id}")
    public Response<Goods> delGoods2(@PathVariable("id") int id){
        return goodsService.deleteById(id);
    }
}
```

上述代码表示，当接收到路径为"/admin/goods/{id}"且HTTP请求方法为DELETE的请求时，会调用delGoods2()方法来处理该请求。其中，@PathVariable("id")注解用于将请求路径中的参数{id}绑定到delGoods2()方法的参数id上。

二、在脚本文件中添加代码

在static/local/js目录下的脚本文件goodsList.js中，添加如下代码：

```
function delGoods(obj, gId){
    let $this=$(obj)
    $.ajax({
        url: "/admin/goods/"+gId
        , type: "delete"
        , success: function (res){
            console.log(res)
            if(res.success){
                $this.parent().parent().remove();
            }
```

```
            $("#msg").html(res.message)
        }
    })
}
```

在上述代码中，使用ajax方式向后端代码发送请求，指定提交的路径为"/admin/goods/商品ID"，提交的方式为delete。

三、添加删除商品入口

修改前端页面goodsList.html，添加删除商品的入口，修改代码如下：

```
<td>
    <a th:href="@{/admin/delGoods/} + ${goods.getId()}">删除</a>
    <a href="#" th:onclick="delGoods(this, [[${goods.getId()}]] )">删除(ajax)
    </a>
</td>
```

四、启动项目测试

在商品列表页面单击"删除(ajax)"，可以看到该商品删除成功，并且页面无刷新，效果如图4-2所示。

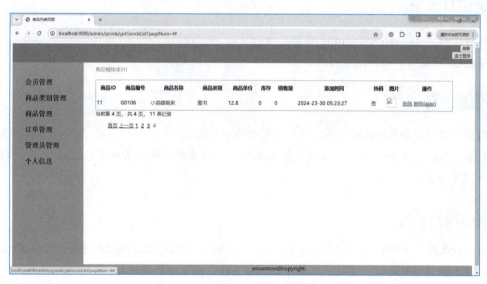

图 4-2　使用 ajax 方式删除商品

习题

1. 简述RESTful风格的特点。
2. 简述使用@PathVariable注解传递参数需要注意的事项。
3. 实现商品删除的功能。

项目五
实现商品添加和图片上传功能

本项目将完成网上商城后台管理系统中添加商品的功能。

知识目标

- 掌握使用Mybatis提供的@Insert注解添加数据。
- 了解HTTP请求中文件上传的机制。

技能目标

- 能够编写SQL语句和映射关系，实现数据的添加操作。
- 能够在Spring Boot项目中，编写文件上传的接口和处理逻辑，实现文件的接收、存储和异常处理等功能。

素养目标

- 培养独立思考的习惯，解决在Spring Boot整合MyBatis实现数据添加及文件上传过程中遇到的问题。
- 养成良好的编程习惯，遵循代码规范，编写清晰、可维护的代码。

任务一　实现商品添加功能

任务目标

- 掌握数据添加的方法。
- 掌握@Insert注解的使用方式。

任务描述

数据添加功能在后台管理系统中是不可或缺的，本任务将实现商品添加的功能。

相关知识

一、@Insert注解

实现商品添加功能相关知识点

@Insert注解是MyBatis中的一种注解，用于指定一个INSERT语句。它的作用类似于XML映射文件中的insert标签。@Insert注解可以用在接口的方法中，方法的返回值通常为int类型，表示插入操作受影响的行数。

当需要在MyBatis的mapper接口中定义一个插入数据的方法时，可以使用@Insert注解标记该方法。例如：

```
@Insert("INSERT INTO users(name, age) VALUES(#{name}, #{age})")
int insertUser(@Param("name") String name, @Param("age") Integer age);
```

在这个例子中，@Insert注解的参数就是插入数据的SQL语句。而#{name}和#{age}则是需要插入数据的参数，对应的参数值通过@Param注解从方法参数中传入。

> **注意**：如果方法参数只有一个，并且在SQL语句中的参数名称也只有一个，就不必使用@Param，直接使用参数即可。

例如：

```
@Insert("INSERT INTO users(name, age) VALUES(#{name}, #{age})")
int insertUser(User user);
```

在这个例子中，User对象中的name和age将会分别替换SQL语句中的#{name}和#{age}。

使用@Insert注解可以方便地在接口中定义一条SQL语句，而不必编写XML映射文件。@Insert注解支持使用动态SQL，可以在SQL语句中使用占位符，从而保证代码的安全性和可维护性。使用@Insert注解可以提高代码的可读性和可维护性，减少开发时编写SQL语句的工作量。

二、@Options注解

@Options注解也是MyBatis的注解之一，用于配置映射语句的一些选项。它可以放在Mapper接的方法中，也可以放在映射文件中的SQL语句上。

@Options注解部分属性见表5-1。

表5-1 @Options 注解部分属性

属 性 名	描 述
useCache	是否使用二级缓存，此设置仅对select语句有效，默认为true
resultSetType	设置返回结果集的类型（DEFAULT，FORWARD_ONLY，SCROLL_SENSITIVE或SCROLL_INSENSITIVE），默认为DEFAULT

续表

属 性 名	描 述
statementType	设置SQL语句的执行类型（STATEMENT，PREPARED或CALLABLE），默认为PREPARED
fetchSize	设置一次查询返回的数据条数
timeout	设置查询超时时间，单位为秒
useGeneratedKeys	是否使用JDBC的getGeneratedKeys()方法自动获取数据库的主键并赋值到bean对应的id属性上，默认值为false
keyProperty	指定能够唯一识别对象的属性，可以是联合主键
keyColumn	指定自动生成的主键列名，通常在Oracle数据库中使用，在insert、update中有效。当数据库的主键是自动生成时，keyProperty和keyColumn可以完成自动生成主键的获取
resultSets	设置返回数据映射的类型

例如：

```
@Insert("insert into users values(#{id}, #{name})")
@Options(useGeneratedKeys=true, keyProperty="id", keyColumn="ID")
int insert(User user);
```

在这个例子中，Options注解设置useGeneratedKeys为true，也就是插入后返回主键id，keyProperty对应实体类的字段，keyColumn对应数据库字段。

三、@Param注解

在MyBatis框架中，@Param注解用于为Mapper接口中的方法参数命名，从而可以在SQL语句中引用这些参数。通常情况下，MyBatis会根据参数的类型和数量来匹配参数。当Mapper方法中有多个参数，或者参数不是基本数据类型时，就需要使用@Param注解来指定参数的名称。

例如：

```
@Mapper
public interface UserMapper{
    @Select("select * from user where id=#{id} and name=#{name}")
    User selectUser(@Param("id") int id, @Param("name") String name);
}
```

在上面的例子中，Mapper方法selectUser()有两个参数，使用@Param注解将它们命名为"id"和"name"。然后在SQL语句中，就可以通过这些名字来引用参数，如#{id}和#{name}。如果不使用这个注解，MyBatis会使用默认的命名规则，参数将被命名为"param1"、"param2"，等等。这会使得SQL语句相对难于理解和维护。

视 频

实现商品添加功能

任务实施

通过图5-1可以看到，商品类别的数据在商品添加页面是以下拉列表的形式展现出来的，打开商品添加页面之前，需要将商品类别数据先查询出来。下面实现商品添加功能，具体步骤如下：

一、显示商品添加页面

（一）添加商品类别的方法

在接口CategoryDao中添加查询所有商品类别的方法queryAll()，部分CategoryDao代码如下：

```java
@Mapper
public interface CategoryDao{
    @Select("select * from category where id=#{cid}")
    Category queryBytID(Integer cid);

    @Select("select * from category")
    List<Category> queryAll();
}
```

（二）实现业务逻辑层

（1）在service包下，创建商品类别业务层接口CategoryService，添加查询所有商品类别的方法queryAllCategory()，代码如下：

```java
package com.test.service;
import com.test.entity.Category;
import java.util.List;

public interface CategoryService{
    List<Category> queryAllCategory();
}
```

（2）在impl包下，创建接口CategoryService的实现类CategoryServiceImpl，实现queryAllCategory()方法，代码如下：

```java
package com.test.service.impl;
import com.test.dao.CategoryDao;
import com.test.entity.Category;
import com.test.service.CategoryService;
import jakarta.annotation.Resource;
import org.springframework.stereotype.Service;
import java.util.List;

@Service
public class CategoryServiceImpl implements CategoryService{

    @Resource
    CategoryDao categoryDao;

    @Override
    public List<Category> queryAllcategory(){
```

```
        return categoryDao.queryAll();
    }
}
```

(三)实现Controller层

在商品控制层类GoodsCtrl中添加方法gotoAddGoods(),用于接收跳转到商品添加页面的请求。GoodsCtrl部分代码如下所示:

```
@Controller
@RequestMapping("/admin/goods")
public class GoodsCtrl{

    // 省略部分代码……

    @Resource
    CategoryService categoryService;

    // 省略部分代码……
    @GetMapping("gotoAddGoods")
    public String gotoAddGoods(Model model){
        List<Category> categoryList = categoryService.queryAllCategory();
        model.addAttribute("categoryList",categoryList);
        return "goodsAdd";
    }
}
```

(四)实现前端页面

(1)在static/local/css/目录下,创建层叠样式表goodsAdd.css,代码如下:

```
#addTable{
    width: 600px;
    padding: 10px 50px 10px 20px;
}
#addTable th{
    width: 85px;
}
#addTable tr{
    height: 33px;
}
#addTable td[colspan]{
    margin-top: -100px;
    text-align: center;
}
```

```css
#img{
    width: 150px;
    height: 150px;
}
.display_none{
    display: none;
}
```

（2）在templates目录下创建商品添加页面goodsAdd.html，代码如下：

```html
<!DOCTYPE html>
<html lang="en" xmlns:th="http://www.thymeleaf.org">
<head>
    <meta charset="UTF-8">
    <title>商品添加</title>
    <link th:href="@{/local/css/goodsAdd.css}" rel="stylesheet">
</head>
<body>

<div id="top" th:include="head.html"></div>
<div id="middle">
    <div id="left" th:include="left.html::left"></div>
    <div id="right">
        <div id="msg" th:text="${msg}"></div>
        <form id="addGoods" action="/admin/goods/addGoods" method="post">
            <table id="addTable">
                <tr>
                    <th>名称</th>
                    <td><input type="text" name="name"></td>
                </tr>
                <tr>
                    <th>编号</th>
                    <td><input type="text" name="code"></td>
                </tr>
                <tr>
                    <th>类别</th>
                    <td>
                        <select name="categoryId">
                            <option th:each="category:${categoryList}"
                                    th:value="${category.getId()}"
                                    th:text="${category.getName()}">
                            </option>
                        </select>
                    </td>
```

```html
            </tr>
            <tr>
                <th>单价</th>
                <td><input type="number" name="price"></td>
            </tr>
            <tr>
                <th>库存</th>
                <td><input type="number" name="quantity"></td>
            </tr>
            <tr>
                <th>是否热销</th>
                <td>
                    <input type="radio" name="hot" checked value="1">是
                    <input type="radio" name="hot" value="0">否
                </td>
            </tr>
            <tr>
                <td colspan="2">
                    <input id="btngoBack" type="button" value="返回">
                    <input type="reset" value="重置">
                    <input type="submit" value="提交">
                </td>
            </tr>
        </table>
    </form>
  </div>
</div>
<div id="bottom" th:include="bottom.html::bottom"></div>
</body>
</html>
```

（3）修改goodsList.html页面，添加打开商品添加页面的路径。部分goodsList.html代码如下：

```html
<li>
    <a href="#">商品管理</a>
    <ul class="wrap xianshi">
        <li><a th:href="@{/admin/getGoodsList}">商品列表</a></li>
        <li><a th:href="@{/admin/gotoAddGoods}">添加商品</a></li>
    </ul>
</li>
```

（五）启动项目测试

在商品列表页面的左上部，单击"添加商品"，即可跳转到商品添加页面，按照提示输入相关内容即可，效果如图5-1所示。

项目五 实现商品添加和图片上传功能

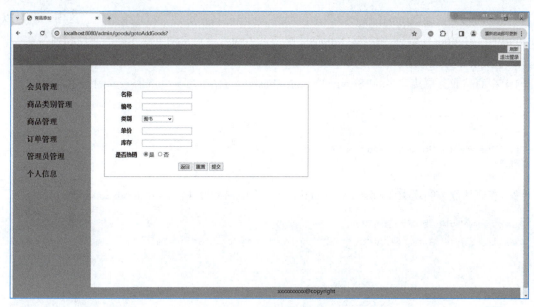

图 5-1 商品添加页面

二、实现商品添加功能

（一）添加向数据库添加商品的方法

在接口GoodsDao中添加向数据库添加商品的方法insert()。部分GoodsDao代码如下：

```
@Mapper
public interface GoodsDao{

    // 省略部分代码……
    @Insert("INSERT INTO goods" +
            "(category_id,code,name,price,quantity,+
            sale_quantity,addtime,hot,image)" +
            "VALUES(" +
            "#{goods.categoryId}" +
            ",#{goods.code}" +
            ",#{goods.name}" +
            ",#{goods.price}" +
            ",#{goods.quantity}" +
            ",0" +
            ",now()" +
            ",#{goods.hot}" +
            ",#{goods.image}" +
            ")")
    @Options(useGeneratedKeys=true, keyProperty="goods.id")
    int insert(@Param("goods") Goods goods);

}
```

在上述代码中，@Param注解为参数goods命名，并将其绑定到了SQL语句中。这样，就可以在SQL语句中以#{goods}形式引用。@Options注解指定了插入语句自动生成主键的属性和列名。

（二）实现业务逻辑层

（1）在商品业务层接口GoodsService中，添加insert()方法。部分GoodsService代码如下：

```java
public interface GoodsService{
    // 省略部分代码……
    Response<Goods> update(Goods goods);
}
```

（2）在商品业务实现类GoodsServiceImpl中，实现insert()方法。部分GoodsServiceImpl代码如下：

```java
@Service("goodsService")
public class GoodsServiceImpl implements GoodsService{

    // 省略部分代码……

    @Override
    public Response<Goods> insert(Goods goods){
        Response<Goods> res=null;
        if (null==goods.getName() || goods.getName().trim().length() <= 0){
            res=Response.fail("商品名称不能为空");
            return res;
        }
        if (null==goods.getCode() || goods.getCode().trim().length() <= 0){
            res=Response.fail("商品编号不能为空");
            return res;
        }
        if (null==goods.getPrice() || goods.getPrice()< 0){
            res=Response.fail("商品价格范围不正确");
            return res;
        }
        goods.setName(goods.getName().trim());
        goods.setCode(goods.getCode().trim());
        int num=goodsDao.insert(goods);
        if (num>0){
            res = Response.success("商品[" + goods.getId() + "---" + goods.getName() + "]添加成功！", goods);
        }
        return res;
    }

    // 省略更多方法……
}
```

在上述代码中，可对用户输入的内容进行判断。在实际开发中，有些判断是可以通过前端来进行的，本书主要的侧重点是后端的逻辑，所以这部分判断就没有在前端进行。

（三）添加addGoods()方法

在商品控制层类GoodsCtrl中添加方法addGoods()，用于接收添加商品的请求。GoodsCtrl部分代码如下：

```
@Controller
@RequestMapping("/admin/goods")
public class GoodsCtrl{

    // 省略部分代码……
    @PostMapping("/addGoods")
    public String addGoods(Goods goods, Model model){
        model.addAttribute("msg", goodsService.insert(goods).getMessage());
        List<Category> categoryList=categoryService.queryAllCategory();
        model.addAttribute("categoryList", categoryList);
        return "goodsAdd";
    }
}
```

（四）实现前端页面

修改页面goodsAdd.html，指定单击"提交"按钮时，提交的action路径，代码如下：

```
<form id="addGoods" th:action="@{/admin/goods/addGoods}" method="post">
    // 省略表单中的内容……
</form>
```

（五）启动项目测试

单击"提交"按钮，如果输入的内容不符合要求，提示效果如图5-2所示。如果按照要求输入商品的正确信息，则可以看到商品正确添加，效果如图5-3所示。

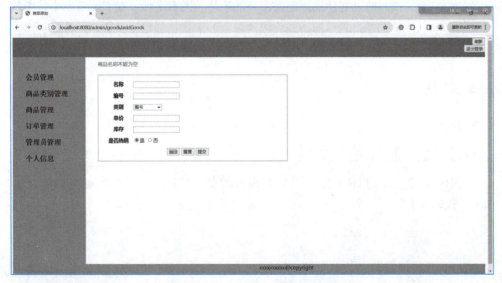

图5-2 商品添加输入有误页面

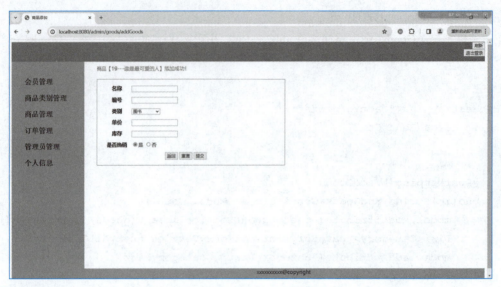

图 5-3　商品添加成功后效果

任务二　实现图片上传功能

任务目标

掌握Spring Boot中图片上传的方法。

任务描述

在任务一中实现了商品的添加功能，但是商品的图片并没有上传。在实际开发中，图片上传是一个很常见的需求，浏览器通过表单的形式将图片以流的形式传递给服务器，服务器再对上传的数据解析处理。本任务将实现图片上传的功能。

任务实施

下面实现商品图片上传的功能，具体步骤如下：

一、创建控制类和方法

在controller包下，创建用于接收图片上传的控制类FileCtrl，添加实现图片上传的方法uploadFile()，代码如下：

```
package com.test.controller;

import org.springframework.stereotype.Controller;
import org.springframework.util.ResourceUtils;
```

```java
import org.springframework.web.bind.annotation.PostMapping;
import org.springframework.web.bind.annotation.RequestMapping;
import org.springframework.web.bind.annotation.ResponseBody;
import org.springframework.web.multipart.MultipartFile;

import java.io.File;
import java.util.UUID;

@Controller
@RequestMapping("/admin")
public class FileCtrl{
    @ResponseBody
    @PostMapping("/uploadFile")
    public String uploadFile(MultipartFile file){
        String fileName= file.getOriginalFilename();
        System.out.println(fileName);
        fileName=UUID.randomUUID()+"_"+fileName;
        File path=null;
        try {
            // 保存至target目录下
            path=new File(ResourceUtils.getURL("classpath:").getPath());
            File uploadpath=new File(path.getAbsolutePath(),"static/local/image/goods/");
            File f=new File(uploadpath,fileName);
            file.transferTo(f);

        } catch (Exception e){
            e.printStackTrace();
        }
        return fileName;
    }
}
```

二、实现前端页面

（1）在static/js目录下添加JavaScript脚本axios.min.js。

（2）在static/local/css目录下的goodsAdd.css文件中，添加用于控制图片显示的样式。部分goodsAdd.css代码如下：

```css
.upload #input{
    top:0;
    left:0;
    position: absolute;
```

```
    width:100px;
    height: 100px;
    opacity: 0;
}
#img{
    width: 150px;
    height: 150px;
}
.display_none{
    display: none;
}
```

三、添加控件和脚本

在HTML文件goodsAdd.html中，添加用于图片上传的控件及引入axios脚本。部分goodsAdd.html代码如下：

```html
<tr>
    <th>商品图片</th>
    <td>
        <div class="upload">
            <span class="plus">+</span>
            <input type="file" id="input" accept=".jpg, .jpeg, .png">
            <input id="gdimage" type="hidden" name="image">
        </div>
        <img type="image" id="img" src="#" alt="#" class="display_none">
    </td>
</tr>
// 省略其他代码……
<script th:src="@{/js/axios.min.js}"></script>
<script th:src="@{/local/js/imageAdd.js}"></script>
```

四、新建并引入脚本

在static/local/js目录下的新建脚本imageAdd.js文件中，该脚本实现图片向后端提交及提交成功后回显图片的功能，并在goodsAdd.html页面中引入该脚本文件。imageAdd.js代码如下：

```javascript
$("#input").change(function (e){
    Array.from(e.target.files).map((f=>{
        // 构造form表单格式数据
        let formData = new FormData();
        formData.append("file",f);
        axios.post("/admin/uploadFile",formData).then(res=>{
            let imageUrl = "/local/image/goods/"+res.data;
```

```
                $("#img").attr("src",imageUrl).css("display","block");
                $("#gdimage").attr("value",imageUrl);
            })
        }))
    });
```

五、启动项目测试

在商品添加页面,单击"+"按钮,选择要上传的图片,就可以看到图片上传成功,效果如图5-4所示。

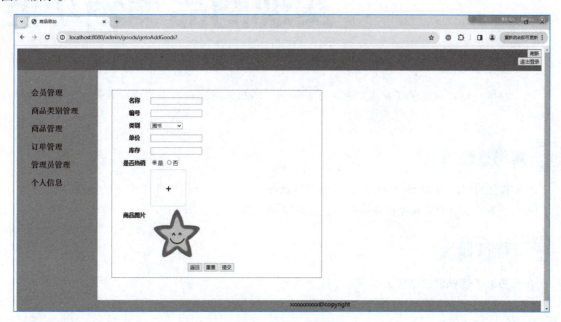

图 5-4　图片上传效果

习题

1. 参照商品添加功能,实现商品类别添加,并简述两者在实现思路上有什么区别。
2. 简述实现图片上传应该注意的事项。
3. 实现商品图片添加功能。

项目六
实现商品编辑功能

数据编辑功能在后台管理系统中是不可或缺的，本项目将完成网上商城后台管理系统中编辑商品的功能。

知识目标

- 掌握使用Mybatis提供的@Update注解编辑数据。
- 掌握用户在后台管理系统中如何触发数据编辑操作。

技能目标

在数据编辑过程中，能够正确处理可能出现的异常。

素养目标

- 碰到问题能够沉着应对，面对数据编辑过程中出现的问题，能够迅速定位并解决问题，确保系统稳定运行。
- 养成良好的编程习惯，编写符合代码规范的代码，注重代码的可读性和可维护性。

 实现通过 ID 获取商品功能

任务目标

掌握通过主键获取数据的方法。

任务描述

要想对某个商品进行编辑，需要先将该商品取出来，然后再进行编辑。本任务将实现通过商品

ID获取需要编辑的商品的功能。

 **任务实施**

视 频

实现通过ID获取商品功能

下面获取需要编辑的商品，具体步骤如下：

一、添加查询商品的方法

在接口GoodsDao中添加根据商品ID查询某个商品的方法queryById()。部分GoodsDao代码如下：

```
@Mapper
public interface GoodsDao{

    // 省略部分代码……
    @Results({
        @Result(column="category_id", property="categoryId"),
        @Result(column="sale_quantity", property="saleQuantity"),
    })
    @Select("select * from goods where id = #{id}")
    Goods queryById(Integer id);
}
```

二、实现业务逻辑层

（1）在商品业务接口GoodsService中，添加queryById()，用于实现根据商品ID查询某个商品。部分GoodsService代码如下：

```
public interface GoodsService{

    // 省略部分代码……
    Goods queryById(Integer id);
}
```

（2）修改接口GoodsService的实现类GoodsServiceImpl，实现queryById()方法。部分GoodsServiceImpl代码如下：

```
@Service("goodsService")
public class GoodsServiceImpl implements GoodsService{

    // 省略部分代码……
    @Override
    public Goods queryById(Integer id){
        return this.goodsDao.queryById(id);
    }
}
```

三、添加查询商品请求的方法

在商品控制层类GoodsCtrl中添加方法getGoodsById(),用于接收根据商品ID查询商品的请求。部分GoodsCtrl代码如下:

```
@Controller
@RequestMapping("/admin")
public class GoodsCtrl{

    // 省略部分代码……
    @GetMapping("goods/{id}")
    public String getGoodsById(@PathVariable("id") int id, Model model){
        Goods goods = goodsService.queryById(id);
        List<Category> categoryList=categoryService.queryAll();
        model.addAttribute("categoryList", categoryList);
        model.addAttribute("goods", goods);
        return "goodsEdit";
    }
}
```

四、实现前端页面

(1) 在templates目录下创建商品编辑页面goodsEdit.html,代码如下:

```
<!DOCTYPE html>
<html lang="en" xmlns:th="http://www.thymeleaf.org">
<head>
    <meta charset="UTF-8">
    <title>商品编辑</title>
    <link th:href="@{/local/css/goodsAdd.css}" rel="stylesheet">
</head>
<body>
<div>
    <div id="top" th:replace="~{head.html}"></div>
    <div id="middle">
        <div id="left" th:replace="~{left.html::left}"></div>
        <div id="right">
            <div id="msg" th:text="${msg}"></div>
            <form id="editGoods" th:action="@{/admin/goods/editGoods}" method="post">
                <input type="hidden" name="id" th:value="${goods.getId()}">
                <table id="addTable">
                    <tr>
                        <th>名称</th>
```

```html
                        <td><input type="text" name="name" th:value="${goods.getName()}"></td>
                    </tr>
                    <tr>
                        <th>编号</th>
                        <td><input type="text" name="code" th:value="${goods.getCode()}"></td>
                    </tr>
                    <tr>
                        <th>类别</th>
                        <td>
                            <select name="categoryId">
                                <option th:each="category:${categoryList}"
                                        th:value="${category.getId()}"
                                        th:text="${category.getName()}"
                                        th:selected="${goods.getCategoryId()} eq ${category.getId()}">
                                </option>
                            </select>
                        </td>
                    </tr>
                    <tr>
                        <th>单价</th>
                        <td><input type="number" name="price" th:value="${goods.getPrice()}"></td>
                    </tr>
                    <tr>
                        <th>库存</th>
                        <td><input type="number" name="quantity" th:value="${goods.getQuantity()}"></td>
                    </tr>
                    <tr>
                        <th>是否热销</th>
                        <td>
                            <input type="radio" name="hot" th:attr="checked = ${goods.getHot()==1}" value="1">是
                            <input type="radio" name="hot" th:attr="checked = ${goods.getHot()==0}" value="0">否
                        </td>
                    </tr>
                    <tr>
                        <th>商品图片</th>
                        <td>
```

```html
                        <div class="upload">
                            <span class="plus">+</span>
                            <input type="file" id="input" accept=".jpg, .jpeg, .png">
                            <input id="gdimage" type="hidden" name="image" th:value="${goods.getImage()}">
                        </div>
                            <img type="image" id="img" th:src="${goods.getImage()}" alt="#">
                    </td>
                </tr>
                <tr>
                    <td colspan="2">
                        <input id="btngoBack" type="button" value="返回">
                        <input type="reset" value="重置">
                        <input type="submit" value="提交">
                    </td>
                </tr>
            </table>
        </form>
    </div>
    </div>
    <div id="bottom" th:include="bottom.html::bottom"></div>
    <script th:src="@{/js/axios.min.js}"></script>
    <script th:src="@{/local/js/imageAdd.js}"></script>
</div>
</body>
</html>
```

（2）修改templates目录下的goodsList.html页面，添加跳转商品编辑页面的入口。部分goodsList.html代码如下：

```html
<td>
    <a th:href="@{/admin/goods/delGoods/}+${goods.getId()}">删除</a>
    <a href="#" th:onclick="delGoods(this, [[${goods.getId()}]] )">删除(ajax)
    </a>
    <a th:href="@{/admin/goods/}+${goods.getId()}">编辑</a>
</td>
```

五、启动项目测试

在商品列表页面，选择要编辑的商品，单击"编辑"，即可进入该商品的编辑页面，效果如图6-1所示。

项目六 实现商品编辑功能

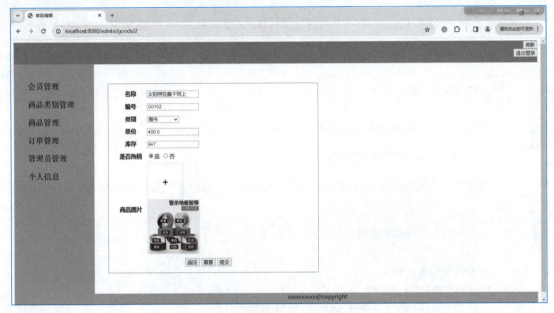

图 6-1 商品编辑页面

任务二　实现根据 ID 更新商品功能

任务目标

掌握数据编辑方法。

任务描述

在任务一中,已经实现了通过商品ID获取需要编辑的商品的功能,本任务将实现将前端页面编辑好的商品数据更新到数据库中,进而完成商品的编辑功能。

相关知识

@Update注解

在MyBatis中,@Update注解是用来标记需要执行数据库更新操作的方法,这个注解通常会包含一条或者多条SQL语句。下面是一个基本的用法示例:

```
@Update("UPDATE users SET name=#{name}, age=#{age} WHERE id=#{id}")
void update(User user);
```

在上面的代码中,update是要进行操作的方法,@Update注解中的内容就是对应的SQL语句,这条SQL语句将更新users表中对应id的name和age字段。

> **注意**：传入的参数user是一个对象，MyBatis可以从这个对象中获取需要更新的字段值。

视 频
实现根据ID更新商品功能

任务实施

下面实现商品的编辑功能，具体步骤如下：

一、添加修改商品的方法

在接口GoodsDao中添加在数据库修改商品的方法update()。部分GoodsDao代码如下：

```
@Mapper
public interface GoodsDao{

    // 省略部分代码……
    @Update("update goods SET "+
        " category_id=#{goods.categoryId}"+
        ",code=#{goods.code}"+
        ",name=#{goods.name}"+
        ",price=#{goods.price}"+
        ",quantity=#{goods.quantity}"+
        ",hot=#{goods.hot}"+
        ",image=#{goods.image}"+
        "  where id=#{goods.id}")
    int update(@Param("goods") Goods goods);
}
```

二、实现业务逻辑层

（1）在商品业务层接口GoodsService中，添加方法update()。部分GoodsService代码如下：

```
public interface GoodsService{

    // 省略部分代码……
    Response<Goods> update(Goods goods);

}
```

（2）在商品业务实现类GoodsServiceImpl中，实现update()方法。部分GoodsServiceImpl代码如下：

```
@Service("goodsService")
public class GoodsServiceImpl implements GoodsService{

    // 省略部分代码……
```

```java
@Override
public Response<Goods> update(Goods goods){
    Response<Goods> res=null;
    if (null==goods.getName() || goods.getName().trim().length()<= 0){
        res=Response.fail("商品名称不能为空");
        return res;
    }
    if (null==goods.getCode() || goods.getCode().trim().length()<=0){
        res=Response.fail("商品编号不能为空");
        return res;
    }
    if (null==goods.getPrice() || goods.getPrice()<0){
        res=Response.fail("商品价格范围不正确");
        return res;
    }
    goods.setName(goods.getName().trim());
    goods.setCode(goods.getCode().trim());
    int num=goodsDao.update(goods);
    if (num>0){
        res=Response.success("商品[" + goods.getId() + "---" + goods.getName() + "]编辑成功! ", goods);
    } else{
        res=Response.fail("商品编辑失败! ");
    }
    return res;
}
```

三、在控制层添加接收编辑商品请求的方法

在商品控制层类GoodsCtrl中添加方法editGoods()，用于接收编辑商品的请求。部分GoodsCtrl代码如下：

```java
@Controller
@RequestMapping("/admin")
public class GoodsCtrl{

    // 省略部分代码……

    @PostMapping("/editGoods")
    public String editGoods(Goods goods, Model model){
        model.addAttribute("msg", goodsService.update(goods).getMessage());
        return "goodsEdit";
```

```
            }
    }
```

四、启动项目测试

按照要求填写需要编辑的商品的信息,单击"提交"按钮,就可以看到所选商品修改成功,效果如图6-2所示。

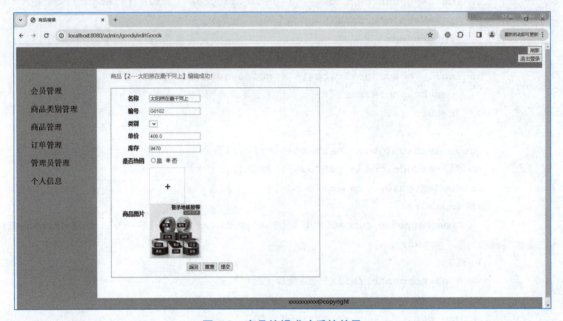

图 6-2　商品编辑成功后的效果

参照商品编辑功能,实现商品类别的编辑功能。

项目七
实现用户管理和订单管理

Spring Boot与MyBatis整合使用时,不仅支持注解方式,还支持XML配置文件的方式。在本项目中,将通过实现会员管理和订单管理的功能学习如何使用XML配置文件的方式整合MyBatis。

知识目标

- 掌握MyBatis映射文件中的元素。
- 掌握使用MyBatis映射文件处理一对一关系。
- 掌握使用XML配置文件的方式整合MyBatis。
- 掌握代码中事务的使用。

技能目标

- 能够根据业务需求编写包含各种复杂SQL操作的MyBatis映射文件。
- 能够熟练使用<association>处理实体间的一对一关系映射。
- 理解事务的概念,能够在删除操作时利用事务保证数据的一致性和完整性。

素养目标

- 在遇到问题时,能够迅速定位并解决,包括查阅文档、搜索相关资料、社区求助等。
- 善于从官方文档、技术博客、开源项目等渠道获取学习资源,不断提升自身技能。

任务一 实现会员列表和删除功能

任务目标

- 掌握MyBatis映射文件中的元素。

- 掌握代码中事务的使用。

任务描述

MyBatis提供了一种简单的方式映射关系型数据库和Java对象之间的关联，通过XML配置文件描述数据库表和Java类之间的映射关系。在MyBatis的映射文件中，包含了一些主要的元素，通过这些元素可以定义SQL语句、参数映射、结果集映射等，从而实现灵活而可维护的数据库访问。

相关知识

一、MyBatis映射文件

MyBatis的映射文件（Mapper XML 文件）是MyBatis框架的核心组件之一，它包含了一些主要的元素，通过这些元素可以定义SQL语句、参数映射、结果集映射等，从而实现灵活而可维护的数据库访问。

下面是一个典型的MyBatis映射文件的格式示例。

```xml
<?xml version="1.0" encoding="UTF-8" ?>
<!DOCTYPE mapper PUBLIC "-//mybatis.org//DTD Mapper 3.0//EN" "http://mybatis.org/dtd/mybatis-3-mapper.dtd">

<mapper namespace="com.example.mapper.YourMapperInterface">
    <!-- 结果映射 -->
    <resultMap id="userResultMap" type="com.example.domain.User">
        <id property="id" column="id" />
        <result property="name" column="name" />
        <result property="age" column="age" />
        <result property="address" column="address" />
    </resultMap>

    <!-- SQL语句片段定义 -->
    <sql id="selectFields">
        id, name, age, address
    </sql>

    <!-- 查询语句 -->
    <select id="selectUserWithResultMap" resultMap="userResultMap">
        SELECT * FROM user WHERE id=#{id}
    </select>

    <!-- 插入语句 -->
    <insert id="insertUser" parameterType="com.example.domain.User">
```

> 视频
> 实现会员列表和删除功能相关知识点

```xml
        INSERT INTO user (id, name, age, address)
        VALUES (#{id}, #{name}, #{age}, #{address})
    </insert>

    <!-- 更新语句 -->
    <update id="updateUser" parameterType="com.example.domain.User">
        UPDATE user
        SET name=#{name}, age=#{age}, address=#{address}
        WHERE id=#{id}
    </update>

    <!-- 删除语句 -->
    <delete id="deleteUser" parameterType="int">
        DELETE FROM user WHERE id=#{id}
    </delete>
<!-- 其他配置 -->

</mapper>
```

下面是一些常见的映射文件元素及其作用。

(一) mapper元素

mapper元素是映射文件的根元素，用于定义命名空间（namespace）和其他相关的SQL映射元素。这个命名空间用于唯一标识该映射文件中的SQL语句。其namespace属性用来映射文件的命名空间，通常设置为Mapper接口的全限定名。

(二) resultMap元素

resultMap元素主要用于解决实体类属性名与数据库表中字段名不一致的情况，将查询结果映射成实体对象。

其主要属性和子元素如下：

（1）id：这是映射规则集的唯一标识，可以被select元素的resultMap属性应用。

（2）type：指定了映射的结果类型，即要将结果集映射成的Java对象类型。

resultMap元素包含以下子元素：

（1）id：用于指定和数据表主键字段对应的标识属性。设置此项可以提升MyBatis框架的性能，特别是在应用缓存和嵌套结果映射的时候。

（2）result：用于指定结果集字段和实体类属性的映射关系，即定义数据库列与Java对象属性的映射关系。

（3）constructor：用于配置构造方法，当一个POJO（Plain Old Java Object，简单的Java对象）没有无参数构造方法时使用。

（4）association、collection和discriminator：这些子元素主要用于处理级联的情况。例如，当查询结果涉及多个表或对象之间的关联关系时，可以使用这些子元素进行复杂的映射。

除了基本的映射功能外，ResultMap还支持一些高级的映射特性，例如使用constructor元素进行

构造函数映射，使用discriminator元素进行条件映射等，这些功能可以帮助人们更加灵活地处理复杂的映射需求

（三）sql元素

sql元素用于定义可重用的SQL片段，通过定义SQL片段，可以避免在多个SQL语句中重复编写相同的代码。在其他SQL语句中使用时，可以通过include元素引用SQL片段。

（四）select元素

select元素用于定义查询语句，它是MyBatis映射文件中最常用的元素之一。通过select元素，可以定义查询语句的SQL语句、参数映射、结果集映射等内容。

select元素的属性见表7-1。

表7-1 select 元素的属性

属 性 名 称	作 用
id	唯一标识该查询语句的ID，通常与Mapper接口中的方法名相对应
parameterType	表示传入SQL语句的参数类型的全限定名或别名。它是一个可选属性，MyBatis能推断出具体传入语句的参数
resultType	SQL语句执行后返回的类型（全限定名或者别名）。如果是集合类型，返回的是集合元素的类型
resultMap	它是映射集的引用，与<resultMap>元素一起使用，返回时可以使用resultType或resultMap之一
flushCache	用于设置在调用SQL语句后是否要求MyBatis清空之前查询的本地缓存和二级缓存，默认值为false。如果设置为true，则任何时候只要SQL语句被调用都将清空本地缓存和二级缓存
useCache	启动二级缓存的开关，默认值为true，表示将查询结果存入二级缓存中
timeout	用于设置超时参数，单位是秒（s），超时将抛出异常
fetchSize	获取记录的总条数设置
statementType	告诉MyBatis使用哪个JDBC的Statement工作，取值为STATEMENT（Statement）、PREPARED（PreparedStatement）、CALLABLE（CallableStatement）
resultSetType	这是针对JDBC的ResultSet接口而言，其值可设置为FORWARD_ONLY（只允许向前访问）、SCROLL_SENSITIVE（双向滚动，但不及时更新）、SCROLLJNSENSITIVE（双向滚动，及时更新）

（五）insert元素

insert元素用于定义插入语句，MyBatis执行完一条插入语句后将返回一个整数表示其影响的行数。它的属性与select元素的属性大部分相同，有以下几个特有属性：

（1）keyProperty：该属性的作用是将插入或更新操作时的返回值赋给PO类的某个属性，通常会设置为主键对应的属性。如果是联合主键，可以将多个值用逗号隔开。

（2）keyColumn：该属性用于设置第几列是主键，当主键列不是表中的第一列时需要设置。如果是联合主键，可以将多个值用逗号隔开。

（3）useGeneratedKeys：该属性将使MyBatis使用JDBC的getGeneratedKeys()方法获取由数据库内部产生的主键，例如MySQL、SQL Server等自动递增的字段，其默认值为false。

（六）update元素和delete元素

update元素用于定义更新语句，delete元素用于定义删除语句，它们的属性和insert元素、select元素的属性差不多，执行后也返回一个整数，表示影响了数据库的记录行数

（七）include元素

include元素用于引用sql元素定义的可重用SQL片段，在其他SQL语句的地方直接插入SQL片段，

增强SQL语句的复用性和可维护性。

以上是MyBatis映射文件中的主要元素及其作用，通过这些元素的组合和使用，可以实现灵活、可维护的数据库访问操作。在实际开发中，合理使用映射文件的元素，可以提高数据库操作的效率和可维护性，从而为项目开发带来便利。

二、MyBatis中的动态SQL

MyBatis的动态SQL是其核心特性之一，它允许人们在编写SQL语句时根据条件动态地包含或排除某些部分。这样可以极大地提高SQL语句的灵活性和可重用性，特别是在处理复杂的查询和更新操作时。

MyBatis 提供了几种方式来构建动态SQL：

（1）<if>标签：用于根据条件包含SQL片段。

（2）<choose>、<when>、<otherwise> 标签：类似于 Java 中的 switch...case 语句，用于在多个条件中选择一个。

（1）<where>标签：智能地处理前缀 WHERE和条件之间的空白符问题。

（2）<set>标签：用于更新语句，智能地处理前缀SET和更新字段之间的逗号。

（3）<trim>标签：功能更强大的<where>和<set>，允许自定义前缀、后缀及分隔符。

（4）<foreach>标签：用于遍历集合（如 list、set 等），常用于构建 IN 查询条件。

例如：

```xml
<select id="queryAll" resultMap="UsersMap">
    select
    id, login_name, real_name, password, gender, birthday, city, email, credit, regtime
    from users
    <where>
        <if test="realName != null and realName!=''">
            and real_name like concat('%',#{realName},'%')
        </if>

        <if test="gender!=null and gender!=''">
            and gender=#{gender}
        </if>
    </where>
</select>
```

三、Transactional注解

@Transactional是Spring框架中用于声明式事务管理的一个注解。使得开发者可以在方法或类级别上标记事务边界，而无须手动编写事务管理代码。例如：

```
@Service
@Transactional
```

```
public class MyService{
    // 所有方法都将运行在事务中
}
```

在方法或类上使用@Transactional注解时,Spring容器会为该方法或类的所有公共方法创建一个代理,这个代理负责在方法调用前后进行事务的开启、提交或回滚。

@Transactional注解的属性及作用见表7-2。

表 7-2　@Transactional 注解的属性及作用

属性名称	作　　用
value	用于指定事务管理器,当配置了多个事务管理器时使用
propagation	定义事务的传播行为。例如,Propagation.REQUIRED 表示当前方法必须运行在一个事务中。如果当前存在事务,方法将在这个事务内运行,否则将启动一个新的事务
isolation	定义事务的隔离级别。它决定了事务之间的可见性和锁定行为
readOnly	记事务为只读,以优化数据库性能
timeout	定义事务的超时时间,单位为秒
rollbackFor	指定哪些异常类型会导致事务回滚
noRollbackFor	指定哪些异常类型不会导致事务回滚

虽然@Transactional 注解提供了方便的事务管理方式,但在某些复杂场景下,可能还需要结合编程式事务管理(使用PlatformTransactionManager)来实现更细粒度的事务控制。

视　频

实现会员列表和删除功能

任务实施

下面使用XML配置文件的形式整合Spring Boot和Mybatis,实现会员的列表和删除功能。具体做法如下:

一、创建会员实体类

在com.test.entity包下创建会员实体类Users,代码如下:

```
package com.test.entity;
import java.util.Date;

public class Users{
    private Integer id;
    private String loginName;
    private String realName;
    private String password;
    private String gender;
    private Date birthday;
    private String city;
    private String email;
    private Integer credit;
```

```java
    private Date regtime;

    public Integer getId(){
        return id;
    }
    public void setId(Integer id){
        this.id=id;
    }
    public String getLoginName(){
        return loginName;
    }
    public void setLoginName(String loginName){
        this.loginName=loginName;
    }
    public String getRealName(){
        return realName;
    }
    public void setRealName(String realName){
        this.realName=realName;
    }
    public String getPassword(){
        return password;
    }
    public void setPassword(String password){
        this.password=password;
    }
    public String getGender(){
        return gender;
    }
    public void setGender(String gender){
        this.gender=gender;
    }
    public Date getBirthday(){
        return birthday;
    }
    public void setBirthday(Date birthday){
        this.birthday=birthday;
    }
    public String getCity(){
        return city;
    }
```

```java
    public void setCity(String city){
        this.city=city;
    }
    public String getEmail(){
        return email;
    }
    public void setEmail(String email){
        this.email=email;
    }
    public Integer getCredit(){
        return credit;
    }
    public void setCredit(Integer credit){
        this.credit=credit;
    }
    public Date getRegtime(){
        return regtime;
    }
    public void setRegtime(Date regtime){
        this.regtime=regtime;
    }
}
```

二、创建数据库访问层接口

在com.test.dao包下创建数据库访问层接口UsersDao,代码如下:

```java
package com.test.dao;
import com.test.entity.Users;
import org.apache.ibatis.annotations.Mapper;
import java.util.List;

@Mapper
public interface UsersDao{
    // 根据用户ID查询用户
    Users queryById(Integer id);
    // 查询符合条件的所有用户
    List<Users> queryAll(Users users);
    // 根据用户ID删除用户
    int deleteById(Integer id);
}
```

三、创建目录和映射文件

在resources目录下创建mapper目录,在mapper中创建接口UsersDao的映射文件UsersDao.xml,代码如下:

```xml
<?xml version="1.0" encoding="UTF-8"?>
<!DOCTYPE mapper PUBLIC "-//mybatis.org//DTD Mapper 3.0//EN" "http://mybatis.org/dtd/mybatis-3-mapper.dtd">
<mapper namespace="com.test.dao.UsersDao">

    <resultMap type="com.test.entity.Users" id="UsersMap">
        <result property="id" column="id" jdbcType="INTEGER"/>
        <result property="loginName" column="login_name" jdbcType="VARCHAR"/>
        <result property="realName" column="real_name" jdbcType="VARCHAR"/>
        <result property="password" column="password" jdbcType="VARCHAR"/>
        <result property="gender" column="gender" jdbcType="VARCHAR"/>
        <result property="birthday" column="birthday" jdbcType="TIMESTAMP"/>
        <result property="city" column="city" jdbcType="VARCHAR"/>
        <result property="email" column="email" jdbcType="VARCHAR"/>
        <result property="credit" column="credit" jdbcType="INTEGER"/>
        <result property="regtime" column="regtime" jdbcType="TIMESTAMP"/>
    </resultMap>

    <!--查询单个-->
    <select id="queryById" resultMap="UsersMap" >
        select id,login_name,real_name,password,gender,birthday,city,email,credit,regtime
        from users
        where id=#{id}
    </select>

    <!--查询指定行数据-->
    <select id="queryAll" resultMap="UsersMap">
        select
        id, login_name, real_name, password, gender, birthday, city, email, credit, regtime
        from users
        <where>
            <if test="realName!=null and realName!=''">
                and real_name like concat('%',#{realName},'%')
            </if>
```

```xml
            <if test="gender!=null and gender!=''">
                and gender=#{gender}
            </if>
        </where>
    </select>

    <!--通过主键删除-->
    <delete id="deleteById">
        delete
        from users
        where id=#{id}
    </delete>
</mapper>
```

四、指定映射文件路径

在全局配置文件application.properties中,添加如下代码,指定Mybatis映射文件的路径。

```
mybatis.mapper-locations=classpath:/mapper/*.xml
```

五、创建业务层接口

在com.test.servive包下创建业务层接口UsersService,代码如下:

```java
package com.test.service;

import com.github.pagehelper.PageInfo;
import com.test.entity.Response;
import com.test.entity.Users;

public interface UsersService{

    Users queryById(Integer id);

    PageInfo<Users> queryAllByPage(Users users, Integer pageNum, Integer pageSize);

    Response<Users> deleteById(Integer id);
}
```

六、创建接口的实现类

在com.test.servive.impl包下创建接口UsersService的实现类UsersServiceImpl,并实现接口UsersService中的方法,代码如下:

```java
package com.test.service.Impl;
```

```java
import com.github.pagehelper.PageHelper;
import com.github.pagehelper.PageInfo;
import com.test.dao.OrdersDao;
import com.test.dao.OrdersItemDao;
import com.test.dao.UsersDao;
import com.test.entity.Orders;
import com.test.entity.Response;
import com.test.entity.Users;
import com.test.service.UsersService;
import jakarta.annotation.Resource;
import org.springframework.stereotype.Service;
import org.springframework.transaction.annotation.Transactional;
import java.util.List;

@Service("usersService")
public class UsersServiceImpl implements UsersService{
    @Resource
    private UsersDao usersDao;

    @Resource
    private OrdersDao ordersDao;

    @Resource
    private OrdersItemDao ordersItemDao;

    @Override
    public Users queryById(Integer id){
        return this.usersDao.queryById(id);
    }

    @Override
     public PageInfo<Users> queryAllByPage(Users users, Integer pageNum, Integer pageSize){
        PageHelper.startPage(pageNum, pageSize);
        List<Users> usersList=usersDao.queryAll(users);
        PageInfo<Users> pageInfo=new PageInfo<>(usersList);
        return pageInfo;
    }

    @Transactional
    @Override
```

```
    public Response<Users> deleteById(Integer id){
        Response<Users> res=null;
        try{
            // 删除该用户的所有订单及其订单详情
            ordersItemDao.delOrdersItemByoId(id);
            Orders orders=new Orders();
            orders.setUserId(id);
            ordersDao.deleteById(orders);

            // 删除该用户
            this.usersDao.deleteById(id);
            res=Response.success("用户删除成功");
        }catch (Exception e){
            res=Response.fail("用户删除失败");
        }
        return res;
    }
}
```

在上述代码中，删除某一个用户下所有订单的实现，可以参照本项目任务二实现订单管理功能。当然，不考虑数据库中的数据完整性，在本任务中可以先把与订单操作相关的代码删掉。

七、创建控制层类

在com.test.controller包下，创建控制层类UsersController，代码如下：

```
package com.test.controller;
import com.github.pagehelper.PageInfo;
import com.test.entity.Users;
import com.test.service.UsersService;
import jakarta.annotation.Resource;
import org.springframework.stereotype.Controller;
import org.springframework.ui.Model;
import org.springframework.web.bind.annotation.*;

@Controller
@RequestMapping("/admin/users")
public class UsersCtrl{

    @Resource
    private UsersService usersService;

    @RequestMapping(value="getUserList", method={RequestMethod.GET, RequestMethod.POST})
```

```java
    public String getUserList(@RequestParam(value="pageNum", required=false,
defaultValue="1") Integer pageNum,
                        @RequestParam(value="pageSize", required=false,
defaultValue="5") Integer pageSize, Users users, Model model) {
        PageInfo<Users> userListPage=usersService.queryAllByPage(users, pageNum, pageSize);
        model.addAttribute("userListPage", userListPage);
        return "userList";
    }

    @GetMapping("delUser/{id}")
    public String delUser(@PathVariable("id") int id, Model model){
        model.addAttribute("msg", usersService.deleteById(id).getMessage());
        return "forward:/admin/users/getUserList";
    }
}
```

八、启动项目测试

用户登录之后，单击"会员管理"，显示的会员列表页面效果如图7-1所示。

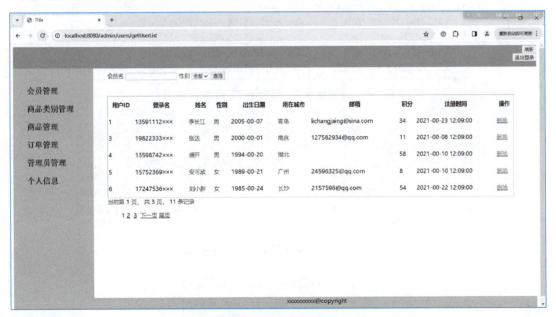

图 7-1　会员列表效果

在要删除的会员后面单击"删除"，会员删除后的效果7-2所示。根据在service层中实现的会员删除逻辑，会员删除后，该会员的订单及该订单下的详情都会进行关联删除，会员删除后数据库中数据的变化如图7-2～图7-8所示。

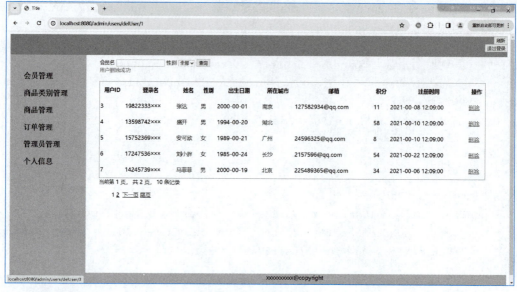

图 7-2 会员删除后效果

id	login name	real name	password	gender	bi
1	13591112×××	李长江	{bcrypt}$2a$10$s4Gq6Ei8Kx8Bhxj	男	2C
3	19822333×××	张达	{bcrypt}$2a$10$s4Gq6Ei8Kx8Bhxj	男	2C
4	13598742×××	盛开	{bcrypt}$2a$10$s4Gq6Ei8Kx8Bhxj	男	19
5	15752369×××	安可欣	{bcrypt}$2a$10$s4Gq6Ei8Kx8Bhxj	女	19

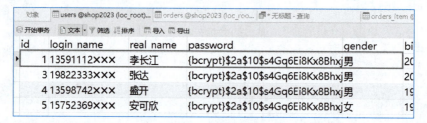

图 7-3 会员信息表中的数据（会员删除前）

id	user id	code	status	amount	addtime
1	1	O240912082615101	1	183.00	2024-09-12 08:26:15
3	4	O240912082615103	3	549.00	2024-09-12 08:26:15
4	11	O240912082615104	4	494.00	2024-09-12 08:26:15
5	6	O240912082615105	5	5400.00	2024-09-12 08:26:15

图 7-4 订单信息表中的数据（会员删除前）

id	order id	goods id	num
1	1	1	3
2	1	2	1
3	1	4	1
8	3	6	1
9	4	2	1

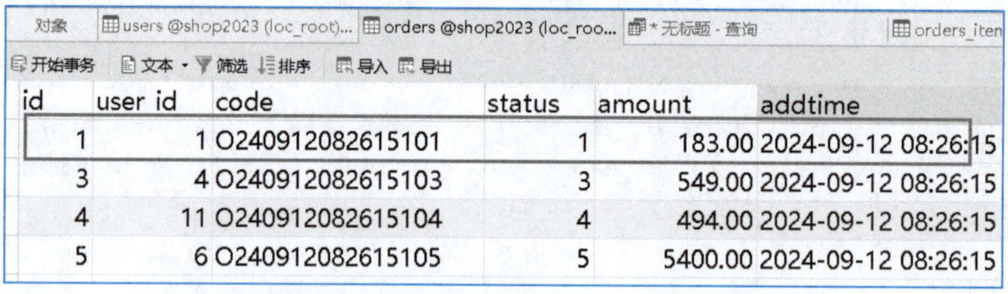

图 7-5 订单详情表中的数据（会员删除前）

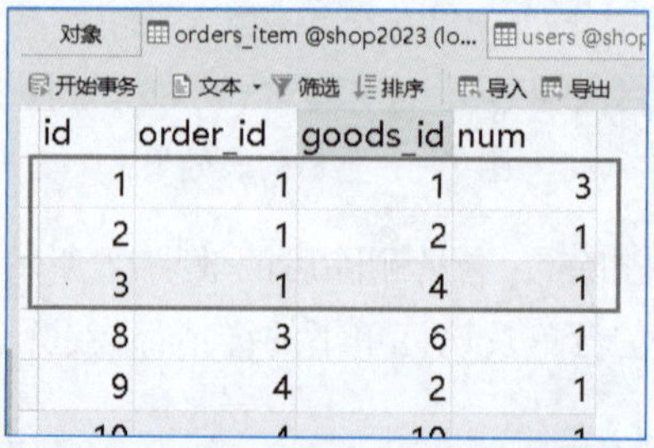

id	login_name	real_name	password	gender
3	19822333563	张达	{bcrypt}$2a$10$s4Gq6Ei8Kx8Bhxj	男
4	13598742685	盛开	{bcrypt}$2a$10$s4Gq6Ei8Kx8Bhxj	男
5	15752369842	安可欣	{bcrypt}$2a$10$s4Gq6Ei8Kx8Bhxj	女
6	17247536915	刘小胖	{bcrypt}$2a$10$s4Gq6Ei8Kx8Bhxj	女

图 7-6　会员信息表中的数据（会员删除后）

id	user_id	code	status	amount	addtime
3	4	O240912082615103	3	549.00	2024-09-12 08:26:15
4	11	O240912082615104	4	494.00	2024-09-12 08:26:15
5	6	O240912082615105	5	5400.00	2024-09-12 08:26:15
6	7	O240912082615106	1	98.00	2024-09-12 08:26:15
7	8	O240912082615107	2	3299.00	2024-09-12 08:26:15

图 7-7　订单信息表中的数据（会员删除后）

id	order_id	goods_id	num
8	3	6	1
9	4	2	1
10	4	10	1
11	5	2	30

图 7-8　订单详情表中的数据（会员删除后）

任务二　实现订单管理功能

任务目标

- 掌握使用<association>标签处理一对一关系映射。
- 掌握使用< collection>标签处理一对多关系映射。

任务描述

在MyBatis中，一对一关系通常用于处理两个实体之间的关联，其中一个实体对象包含另一个实体对象的引用。这通常对应于数据库中的外键关系。下面将通过实现订单模块的相关功能，学习使用XML配置文件的形式处理一对一关系。

一、<association>标签用于处理一对一关系映射

在MyBatis中，<association>标签用于处理一对一关系映射，它定义了如何从结果集中加载一个复杂的类型属性，该属性是一个单独的对象实例。<association>标签的常见属性见表7-3。

表 7-3 <association> 标签的常见属性

属 性 名 称	作　　用
property	指定映射到的Java对象中的属性名
javaType	指定关联对象的完全限定类名（如果需要）
resultMap	引用另一个 <resultMap>，用于加载关联对象
column	指定数据库列名，用于与Java对象的属性进行映射（在嵌套结果映射时可能很有用）
select	如果希望执行一个独立的SQL查询来获取关联对象，可以指定另一条映射语句的ID
fetchType	设置延迟加载策略，可以设置为"lazy"或"eager"（默认为eager）

例如：定义User和Profile两个实体类。

```java
public lass User{
    private Integer id;
    private String name;
    private Profile profile;
    // 省略getters and setters
}

public class Profile{
    private Integer id;
    private String address;
    // getters and setters
}
```

在UserMapper.xml中，可以使用<association>标签映射User对象的profile属性。代码如下：

```xml
<mapper namespace="com.example.mapper.UserMapper">
    <resultMap id="userResultMap" type="User">
        <id property="id" column="user_id"/>
        <result property="name" column="user_name"/>
        <association property="profile" javaType="Profile" resultMap="ProfileResultMap"/>
    </resultMap>

    <resultMap id="ProfileResultMap" type="Profile">
        <id property="id" column="profile_id"/>
```

```
        <result property="address" column="address"/>
    </resultMap>

    <select id="selectUserWithProfile" resultMap="userResultMap">
        SELECT u.id AS user_id, u.name AS user_name, p.id AS profile_id, p.address
        FROM user u
        LEFT JOIN profile p ON u.id=p.user_id
        WHERE u.id = #{id}
    </select>
</mapper>
```

在这个例子中，<association>标签指定了User对象的profile 属性应该使用ProfileResultMap 来映射。resultMap属性引用了另一个 <resultMap>定义，该定义指定了如何从结果集中提取Profile对象的属性。

另外，如果想实现延迟加载，可以使用<association>标签的select属性。在这种情况下，不会立即执行查询来获取关联对象，而是仅在访问该属性时才执行。例如：

```
<association property="profile" javaType="Profile" select="com.example.mapper.ProfileMapper.selectProfileByUserId" column="user_id"/>
```

然后，在ProfileMapper.xml中定义 selectProfileByUserId 查询：

```
<select id="selectProfileByUserId" resultType="Profile">
    SELECT * FROM profile WHERE user_id=#{userId}
</select>
```

当User对象的profile属性被首次访问时，MyBatis会执行selectProfileByUserId查询获取关联的Profile对象。

二、< collection>标签用于处理一对一关系映射

在MyBatis中，<collection>标签用于处理一对多（或集合）关系映射。当有一个实体类包含一个集合类型的属性（如List、Set等），且这个集合中的元素与数据库中的另一个表通过某种关系（通常是外键）相关联时，可以使用<collection>标签映射这种一对多关系。

<collection>标签的常见属性与<association>标签相同，在处理一对多关系上也与<association>标签处理一对一关系类似，这里不再赘述。

在实际开发中，推荐使用select属性进行延迟加载的方式进行一对一或者一对多关系的处理。

任务实施

一、实现订单模块相关功能

下面使用XML配置文件的形式整合Spring Boot和Mybatis，实现订单模块相关功能。具体步骤如下：

视 频

实现订单管理功能

（一）创建订单类

在com.test.entity包下创建订单实体类Orders和订单详请实体类OrdersItem。代码如下：

1. Orders.java文件

```java
package com.test.entity;
import java.util.Date;
import java.io.Serializable;

public class Orders{
    private Integer id;
    private Integer userId;
    private String code;
    // 订单状态 1：未付款  2：已付款  3 已发货  4已签收 5交易失败
    private Integer status;
    private Double amount;
    private Date addtime;
    private Users users;

    public Users getUsers(){
        return users;
    }
    public void setUsers(Users users){
        this.users=users;
    }
    public Integer getId(){
        return id;
    }
    public void setId(Integer id){
        this.id=id;
    }
    public Integer getUserId(){
        return userId;
    }
    public void setUserId(Integer userId){
        this.userId=userId;
    }
    public String getCode(){
        return code;
    }
    public void setCode(String code){
        this.code=code;
    }
```

```java
        public Integer getStatus(){
            return status;
        }
        public void setStatus(Integer status){
            this.status=tatus;
        }
        public Double getAmount(){
            return amount;
        }
        public void setAmount(Double amount){
            this.amount=amount;
        }
        public Date getAddtime(){
            return addtime;
        }
        public void setAddtime(Date addtime){
            this.addtime=addtime;
        }
}
```

2. OrdersItem.java文件

```java
package com.test.entity;
import java.io.Serializable;

public class OrdersItem{
    private Integer id;
    private Integer orderId;
    private Integer goodsId;
    private Integer num;
    private Orders orders;
    private Goods goods;

    public Integer getId(){
        return id;
    }
    public void setId(Integer id){
        this.id=id;
    }
    public Integer getOrderId(){
        return orderId;
    }
```

```
        public void setOrderId(Integer orderId){
            this.orderId=orderId;
        }
        public Integer getGoodsId(){
            return goodsId;
        }
        public void setGoodsId(Integer goodsId){
            this.goodsId=goodsId;
        }
        public Integer getNum(){
            return num;
        }
        public void setNum(Integer num){
            this.num=num;
        }
        public Orders getOrders(){
            return orders;
        }
        public void setOrders(Orders orders){
            this.orders=orders;
        }
        public Goods getGoods(){
            return goods;
        }
        public void setGoods(Goods goods){
            this.goods=goods;
        }
}
```

（二）创建数据库访问层接口

在com.test.dao包下分别创建数据库访问层接口OrdersDao和OrdersItemDao。代码如下：

1. OrdersDao.java文件

```
package com.test.dao;
import com.test.entity.Orders;
import org.apache.ibatis.annotations.Mapper;
import java.util.List;

@Mapper
public interface OrdersDao{
    List<Orders> queryAll(Orders orders);
    int deleteById(Orders orders);
```

```java
    // 根据订单ID查询订单信息
    Orders queryById(Integer id);
}
```

2. OrdersItemDao.java文件

```java
package com.test.dao;
import com.test.entity.OrdersItem;
import org.apache.ibatis.annotations.Mapper;
import org.apache.ibatis.annotations.Param;
import org.springframework.data.domain.Pageable;
import java.util.List;

@Mapper
public interface OrdersItemDao{
    // 根据订单号删除订单详请
    int delOrdersItemByoId(Integer orderId);
    List<OrdersItem> queryAll(OrdersItem ordersItem);
    // 根据会员ID删除订单详请
    int deleteByUserId(Integer userId);
}
```

（三）创建接口的映射文件

在resources目录下的mapper中创建接口OrdersDao的映射文件OrdersDao.xml和接口OrdersItemDao的映射文件OrdersItemDao.xml。代码如下：

1. OrdersDao.xml文件

```xml
<?xml version="1.0" encoding="UTF-8"?>
<!DOCTYPE mapper PUBLIC "-//mybatis.org//DTD Mapper 3.0//EN" "http://mybatis.org/dtd/mybatis-3-mapper.dtd">
<mapper namespace="com.test.dao.OrdersDao">

    <resultMap type="com.test.entity.Orders" id="OrdersMap">
        <result property="id" column="id" jdbcType="INTEGER"/>
        <result property="userId" column="user_id" jdbcType="INTEGER"/>
        <result property="code" column="code" jdbcType="VARCHAR"/>
        <result property="status" column="status" jdbcType="INTEGER"/>
        <result property="amount" column="amount" jdbcType="NUMERIC"/>
        <result property="addtime" column="addtime" jdbcType="TIMESTAMP"/>
        <association property="users" column="user_id"
select="com.test.dao.UsersDao.queryById">
        </association>
    </resultMap>
```

```xml
<!--查询指定行数据-->
<select id="queryAll" resultMap="OrdersMap">
    select id, user_id, code, status, amount, addtime
    from orders
    <where>
        <if test="userId!=null">
            and user_id = #{userId}
        </if>
        <if test="status!=null">
            and status=#{status}
        </if>
    </where>
</select>

<!--通过主键删除-->
<delete id="deleteById">
    delete
    from orders
    <where>
        <if test="id!=null">
            and id=#{id}
        </if>
        <if test="userId!=null">
            and  user_id=#{userId}
        </if>
    </where>
</delete>

<!--查询单个-->
<select id="queryById" resultMap="OrdersMap">
    select id,user_id,code,status,amount,addtime
    from orders
    where id=#{id}
</select>
</mapper>
```

2. OrdersItemDao.xml文件

```xml
<?xml version="1.0" encoding="UTF-8"?>
<!DOCTYPE mapper PUBLIC "-//mybatis.org//DTD Mapper 3.0//EN" "http://mybatis.org/dtd/mybatis-3-mapper.dtd">
<mapper namespace="com.test.dao.OrdersItemDao">
```

```xml
<resultMap type="com.test.entity.OrdersItem" id="OrdersItemMap">
    <result property="id" column="id" jdbcType="INTEGER"/>
    <result property="orderId" column="order_id" jdbcType="INTEGER"/>
    <result property="goodsId" column="goods_id" jdbcType="INTEGER"/>
    <result property="num" column="num" jdbcType="INTEGER"/>
    <association property="orders" column="order_id" select="com.test.dao.OrdersDao.queryById">
    </association>
    <association property="goods" column="goods_id" javaType="com.test.entity.Goods" select="com.test.dao.GoodsDao.queryById">
    </association>
</resultMap>

<!--通过订单ID删除订单详请-->
<delete id="delOrdersItemById">
    delete
    from orders_item
    where order_id=#{orderId}
</delete>

<!--查询指定行数据-->
<select id="queryAll" resultMap="OrdersItemMap">
    select id,order_id,goods_id,num
    from orders_item
</select>

<!--根据订单ID查询-->
<select id="queryById" resultMap="OrdersItemMap">
    select id,order_id,goods_id,num
    from orders_item
    where order_id=#{orderId}
</select>

<delete id="deleteByUserId">
    DELETE
    FROM orders_item
    WHERE order_id IN(
        SELECT orders.id
        FROM orders
        INNER JOIN users
        ON orders.user_id=users.id
```

```
            WHERE users.id=#{userId}
        )
    </delete>
</mapper>
```

(四)创建业务层接口

在com.test.servive包下创建业务层接口OrdersService和OrdersItemService。代码如下:

1. OrdersServic.java文件

```
package com.test.service;
import com.github.pagehelper.PageInfo;
import com.test.entity.Orders;
import com.test.entity.Response;

public interface OrdersService{
    PageInfo<Orders> queryByPage(Orders orders, Integer pageNum, Integer pageSize);
    Response<Orders> deleteById(Orders orders);
}
```

2. OrdersItemService.java文件

```
package com.test.service;
import com.test.entity.OrdersItem;
import java.util.List;

public interface OrdersItemService{
    List<OrdersItem> queryAll(OrdersItem ordersItem);
}
```

(五)创建接口的实现类

在com.test.servive.impl包下分别创建接口OrdersService的实现类OrdersServiceImpl、OrdersItemService的实现类OrdersItemServiceImpl。代码如下:

1. OrdersServiceImpl.java文件

```
package com.test.service.Impl;
import com.github.pagehelper.PageHelper;
import com.github.pagehelper.PageInfo;
import com.test.dao.OrdersDao;
import com.test.dao.OrdersItemDao;
import com.test.entity.Orders;
import com.test.entity.Response;
import com.test.service.OrdersService;
import jakarta.annotation.Resource;
import org.springframework.stereotype.Service;
import org.springframework.transaction.annotation.Transactional;
```

```java
import java.util.List;

@Service("ordersService")
public class OrdersServiceImpl implements OrdersService{
    @Resource
    private OrdersDao ordersDao;
    @Resource
    private OrdersItemDao ordersItemDao;

    @Override
     public PageInfo<Orders> queryByPage(Orders orders, Integer pageNum, Integer pageSize){
        PageHelper.startPage(pageNum, pageSize);
        List<Orders> ordersList=ordersDao.queryAll(orders);
        PageInfo<Orders> pageInfo=new PageInfo<>(ordersList);
        return pageInfo;
    }

    @Transactional
    @Override
    public Response<Orders> deleteById(Orders orders){
        Response<Orders> res=null;
        try {
            // 删除该订单下的所有详情
            this.ordersItemDao.delOrdersItemByoId(orders.getId());
            // 删除该订单
            this.ordersDao.deleteById(orders);
            res=Response.success("订单删除成功！");
        } catch (Exception e){
            res=Response.success("订单删除失败！");
        }
        return res;
    }
}
```

2. OrdersItemServiceImpl.java文件

```java
package com.test.service.impl;
import com.test.entity.OrdersItem;
import com.test.dao.OrdersItemDao;
import com.test.service.OrdersItemService;
import jakarta.annotation.Resource;
import org.springframework.stereotype.Service;
```

```java
import java.util.List;

@Service("ordersItemService")
public class OrdersItemServiceImpl implements OrdersItemService{
    @Resource
    private OrdersItemDao ordersItemDao;
    public List<OrdersItem> queryAll(OrdersItem ordersItem){
        return this.ordersItemDao.queryAll(ordersItem);
    }
}
```

（六）创建控制层类

在com.test.controller包下，分别创建控制层类OrdersController和OrdersItemController。代码如下：

1. OrdersController.java文件

```java
package com.test.controller;

import com.github.pagehelper.PageInfo;
import com.test.entity.Orders;
import com.test.service.OrdersService;
import jakarta.annotation.Resource;
import org.springframework.stereotype.Controller;
import org.springframework.ui.Model;
import org.springframework.web.bind.annotation.GetMapping;
import org.springframework.web.bind.annotation.PathVariable;
import org.springframework.web.bind.annotation.RequestMapping;
import org.springframework.web.bind.annotation.RequestParam;

@Controller
@RequestMapping("/admin/orders")
public class OrdersCtrl{

    @Resource
    private OrdersService ordersService;

    @GetMapping("/getOrdersList")
    public String getOrdersList(Model model, @RequestParam(required=false) Orders orders,
                                @RequestParam(value="pageNum", required=false, defaultValue="1") Integer pageNum,
                                @RequestParam(value="pageSize", required=false, defaultValue = "3") Integer pageSize){
```

```java
            PageInfo<Orders> ordersListPage=this.ordersService.queryByPage(orders,
pageNum, pageSize);
        model.addAttribute("ordersListPage", ordersListPage);
        return "ordersList";
    }

    @GetMapping("delOrders/{id}")
    public String deleteById(@PathVariable("id") Integer id, Model model){
        Orders o = new Orders();
        o.setId(id);
        model.addAttribute("msg", ordersService.deleteById(o).getMessage());
        return "forward:/admin/orders/getOrdersList";
    }

    @GetMapping("getOrdersItemList/{id}")
    public String getOrdersItemList(@PathVariable("id") Integer id){
        return "forward:/admin/orders/getOrdersList";
    }
}
```

2. OrdersItemController.java文件

```java
package com.test.controller;
import com.test.entity.OrdersItem;
import com.test.service.OrdersItemService;
import jakarta.annotation.Resource;
import org.springframework.stereotype.Controller;
import org.springframework.ui.Model;
import org.springframework.web.bind.annotation.*;
import java.util.List;

@Controller
@RequestMapping("/admin/ordersItem")
public class OrdersItemController{

    @Resource
    private OrdersItemService ordersItemService;

    @GetMapping("getOrdersItemList/{id}")
    public String getOrdersItemList(@PathVariable("id") Integer orderId,
Model model)
    {
```

```
            OrdersItem ordersItem = new OrdersItem();
            ordersItem.setOrderId(orderId);
            List<OrdersItem> ordersItemList = this.ordersItemService.queryAll(ordersItem);
            model.addAttribute("ordersItemList", ordersItemList);
            return "ordersItemList";
        }
    }
```

（七）创建订单页面

在templates目录下，分别创建订单列表页面ordersList.html和订单详请列表页面ordersItemList.html。代码如下：

1. ordersList.html文件

```
<!DOCTYPE html>
<html lang="en" xmlns:th="http://www.thyme××××.org">
<head>
    <meta charset="UTF-8">
    <title>订单管理</title>
    <link th:href="@{/local/css/goodsList.css}" rel="stylesheet">
    <link th:href="@{/local/css/page.css}" rel="stylesheet">
</head>
<body>
<div id="top" th:replace="~{head.html}"></div>
<div id="middle">
    <div id="left" th:replace="~{left.html::left}"></div>
    <div id="right">
        <div id="msg" th:text="${msg}"></div>
        <table>
            <tr>
                <th>订单ID</th>
                <th>订单编号</th>
                <th>用户登录名</th>
                <th>订单状态</th>
                <th>订单金额</th>
                <th>下单时间</th>
                <th>操作</th>
            </tr>
            <div th:each="orders:${ordersListPage.list}">
                <tr>
                    <td th:text="${orders.getId()}"></td>
                    <td th:text="${orders.getCode()}"></td>
                    <td th:text="${orders.getUsers.getLoginName()}"></td>
```

```html
                    <td>
                        <span th:if="${orders.getStatus()} eq 1">未付款</span>
                        <span th:if="${orders.getStatus()} eq 2">未发货</span>
                        <span th:if="${orders.getStatus()} eq 3">已发货</span>
                        <span th:if="${orders.getStatus()} eq 4">已签收</span>
                        <span th:if="${orders.getStatus()} eq 5">交易失败</span>
                    </td>
                    <td th:text="${orders.getAmount()}"></td>
                    <td th:text="${#dates.format(orders.getAddtime(),'yyyy-mm-dd hh:MM:ss')}"></td>
                    <td>
                        <a th:href="@{/admin/orders/delOrders/} + ${orders.getId()}">删除</a>
                        <a th:href="@{/admin/ordersItem/getOrdersItemList/} + ${orders.getId()}">订单详请</a>
                    </td>
                </tr>
            </div>
        </table>
            <div th:replace="~{page.html::myPage(${ordersListPage},'/admin/orders/getOrdersList')}"></div>
        </div>
    </div>
</div>
<div id="bottom" th:replace="~{bottom.html::bottom}"></div>
</body>
</html>
```

2. ordersItemList1文件

```html
<!DOCTYPE html>
<html lang="en" xmlns:th="http://www.thymeleaf.org">
<head>
    <meta charset="UTF-8">
    <title>订单详情</title>
    <link th:href="@{/local/css/goodsList.css}" rel="stylesheet">
</head>
<body>
<div id="top" th:replace="~{head.html}"></div>
<div id="middle">
    <div id="left" th:replace="~{left.html::left}"></div>
    <div id="right">
        <div id="msg" th:text="${msg}"></div>
```

```html
                <table>
                    <tr>
                        <th>订单详情ID</th>
                        <th>订单编号</th>
                        <th>商品</th>
                        <th>数量</th>
                    </tr>
                    <tr th:each="ordersItem:${ordersItemList}">
                        <td th:text="${ordersItem.getId()}"></td>
                        <td th:text="${ordersItem.getOrders.getCode()}"></td>
                        <td th:text="${ordersItem.getGoods.getName()}"></td>
                        <td th:text="${ordersItem.getNum()}"></td>
                    </tr>
                </table>
            </div>
        </div>
    </div>
    <div id="bottom" th:replace="~{bottom.html::bottom}"></div>
</body>
</html>
```

（八）启动项目测试

用户登录之后，单击"订单管理"，订单列表效果如图7-9所示。

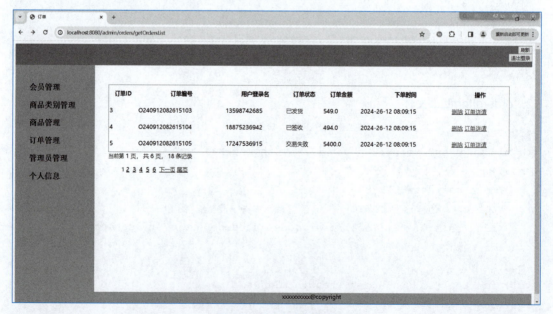

图7-9 订单列表效果

单击某订单后的"删除"，效果如图7-10所示，数据库中的数据变化如图7-10～图7-14所示，可以看出某订单删除之后，订单表中该订单相关录的详情数据也会被删除。

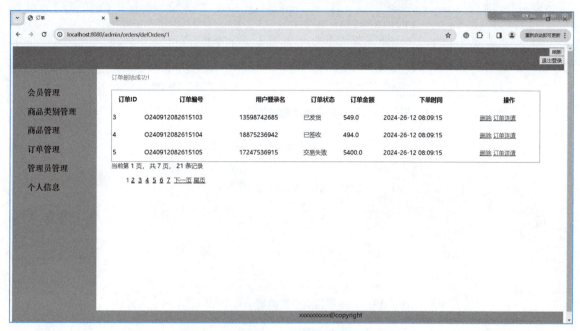

图 7-10 订单删除效果

id	user id	code	status	amount	addtime
1	1	O240912082615101	1	183.00	2024-09-12 08:26:15
3	4	O240912082615103	3	549.00	2024-09-12 08:26:15
4	11	O240912082615104	4	494.00	2024-09-12 08:26:15
5	6	O240912082615105	5	5400.00	2024-09-12 08:26:15

图 7-11 订单信息表中的数据（订单删除前）

id	order id	goods id	num
1	1	1	3
2	1	2	1
3	1	4	1
8	3	6	1
9	4	2	1
10	4	10	1

图 7-12 订单详情表中的数据（订单删除前）

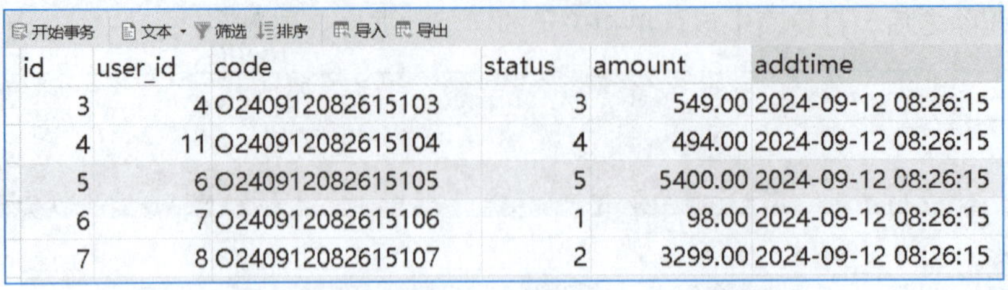

图 7-13　订单信息表中的数据（订单删除后）

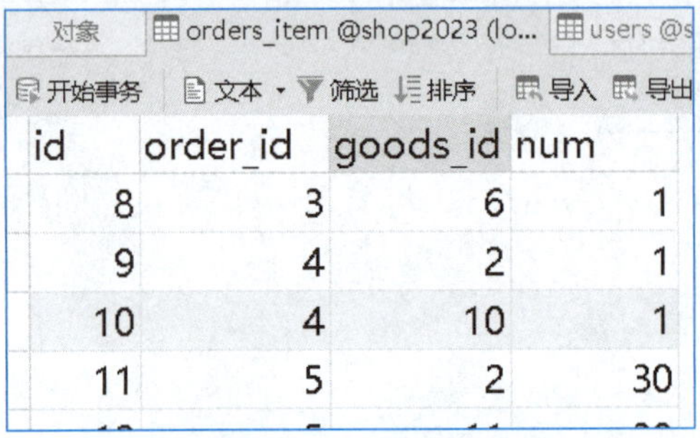

图 7-14　订单详情表中的数据（订单删除后）

单击某订单的"订单详请"，效果如图7-15所示。

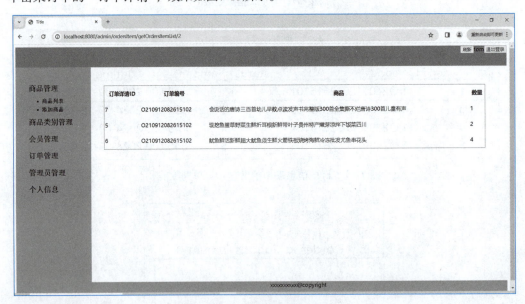

图 7-15　订单详情效果

二、订单页面显示订单详情

下面在订单页面既显示订单列表，又显示该订单的详情。具体步骤如下：

（一）在实体类中添加属性和方法

在实体类Orders中添加属性ordersItemList及其getter()和setter()方法。Orders类部分代码如下：

```java
public class Orders {
    // 省略其他代码……
    private List<OrdersItem> ordersItemList;

    public List<OrdersItem> getOrdersItemList(){
        return ordersItemList;
    }

    public void setOrdersItemList(List<OrdersItem> ordersItemList){
        this.ordersItemList = ordersItemList;
    }
}
```

（二）在映射文件中添加代码

在映射文件OrdersDao.xml的<resultMap>中添加如下代码：

```xml
<resultMap type="com.test.entity.Orders" id="OrdersMap">
    // 省略其他代码……
    <collection property="ordersItemList" column="id" select="com.test.dao.OrdersItemDao.queryById">
    </collection>
</resultMap>
```

（三）显示商品详情

在HTML页面ordersList.html中添加如下代码，用于显示商品详情。

```html
<tr>
    <td colspan="1"></td>
    <td colspan="6">
        <div th:each="ordersItem:${orders.getOrdersItemList()}">
            <div th:if="${ordersItem.getGoods()} ne null">
                <span><img class="listimg" th:src="${ordersItem.getGoods().getImage()}"></span>
                <span>[[${ordersItem.getGoods().getName()}]]</span>
                <span>[[${ordersItem.getNum()}]]</span>
            </div>
            <div th:if="${ordersItem.getGoods()} eq null">
                <span>该商品已经下架</span>
                <span>[[${ordersItem.getNum()}]]</span>
            </div>
        </div>
    </td>
</tr>
```

（四）启动项目测试

用户登录之后，单击"订单管理"，订单列表效果如图7-16所示。

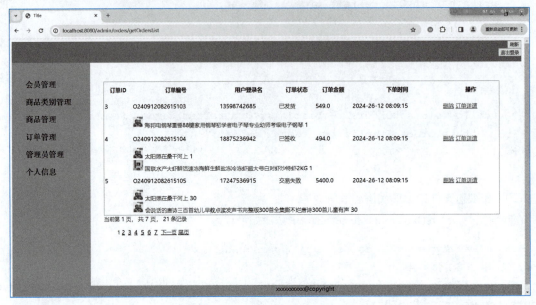

图 7-16　订单列表（含订单详情）

1. 简述 Mybatis 映射文件中常见的元素及其作用。
2. 完成会员列表显示及会员删除功能。
3. 完成订单列表显示及删除功能。

项目八
使用 Spring MVC 实现常见 Web 功能

在前几个项目中，借助商品模块已经讲解数据的添加、删除、修改、查询等操作，在本项目中，将对 Spring Boot 实现 Web 开发中涉及的一些常用功能进行详细讲解。

知识目标

- 理解 Spring MVC 框架中视图管理器的概念和作用。
- 理解 Spring MVC 拦截器的概念、作用及其在请求处理流程中的位置。
- 掌握如何在 Spring MVC 配置中注册和配置拦截器。

技能目标

能够根据业务需求设计并实现自定义的拦截器，处理请求前后的逻辑。

素养目标

- 通过项目的开发和实践，提升学生的动手能力和解决问题的能力。
- 培养学生的责任感，确保所开发的软件产品符合用户需求和社会规范，对社会负责。
- 鼓励学生为实现国家信息化建设和网络强国战略贡献自己的力量。

 **实现简单页面跳转功能**

掌握使用 Spring MVC 框架，实现简单的页面跳转功能。

任务描述

因为在项目开发过程中,时常会涉及页面跳转问题,而这个页面跳转不需要或者没有任何业务逻辑处理的过程,只是单纯的路由跳转过程或者是单击一个按钮跳转到另一个页面。例如:

```
@GetMapping("/toLogin")
public String toLogin(){
    return "login";
}
```

长此以往Controller中会有很多这样的空方法,它们分散在每个Controller中既不好维护,写起来也比较烦琐。为了避免这种情况,可以使用Spring Boot整合Spring MVC框架,实现简单的页面跳转功能。

相关知识

视频

实现简单页面
跳转功能相关
知识点

一、@Configuration注解

@Configuration注解是一个在Java类上使用的注解,它表示这个类是一个配置类。这意味着类中定义的方法将用于配置和组装应用程序的组件。

在Spring框架中,@Configuration注解与其他注解(如@Bean,@ComponentScan等)一起使用,用于声明应用程序的配置类。通常情况下,配置类用于替代传统的XML配置文件,提供更加灵活和类型安全的配置方式。

使用@Configuration注解的类可以包含多个带有@Bean注解的方法,这些方法将创建和配置应用程序中的bean。这些bean可以是数据源、服务、组件或任何其他需要在应用程序中使用的对象。

二、WebMvcConfigurer接口

在Spring MVC中,WebMvcConfigurer接口是一个用于自定义Spring MVC特性的接口。通过实现此接口,可以添加自定义的拦截器、添加视图控制器、配置消息转换器等。

Java配置方式下,在Spring 5之前,通常是通过继承WebMvcConfigurerAdapter类来实现Spring MVC的配置。但在Spring 5及以后的版本中,WebMvcConfigurerAdapter已经被废弃,建议直接实现WebMvcConfigurer接口进行配置。

任务实施

视频

实现简单页面
跳转功能

下面使用Spring Boot整合Spring MVC,实现简单的页面跳转功能。具体做法如下:

一、扩展MVC框架功能

创建包com.test.config,在该包下创建一个实现WebMvcConfigurer接口的配置类MyMVCconfig,用于对MVC框架功能扩展,重写addViewControllers()方法,代码如下:

```
package com.test.config;
import org.springframework.context.annotation.Configuration;
import org.springframework.web.servlet.config.annotation.ViewControllerRegistry;
import org.springframework.web.servlet.config.annotation.WebMvcConfigurer;

@Configuration
public class MyMVCconfig implements WebMvcConfigurer{

    @Override
    public void addViewControllers(ViewControllerRegistry registry){
        registry.addViewController("/admin").setViewName("login");
    }
}
```

在上述代码中，MyMVCconfig类被@Configuration注解标记为一个配置类。addViewController()方法的参数就是controller中的URL，setViewName()方法中传入的参数就是return的页面。

二、启动项目测试

在浏览器中输入http://localhost:8080/admin，效果如图8-1所示。

图 8-1　登录访问效果

使用WebMvcConfigurer接口定义的用户请求控制方法也实现了用户请求控制跳转的效果，相比于传统的请求处理方法而言，这种方法更加简洁、直观和方便。同时也可以看出，使用这种方式无法获取后台处理的数据。因此，较为简单的无参数视图Get方式的请求跳转，可以使用WebMvcConfigurer接口中的addViewControllers()方法定制视图控制，对于有参数或需要业务处理的跳转需求，最好还是采用传统方式处理请求。

任务二　实现拦截器功能

任务目标

掌握使用Spring MVC框架，实现拦截器功能。

任务描述

细心的读者会发现，在前面的任务中，不通过登录页面，直接在浏览器输入网址http://localhost:

8080/admin/goods/getGoodsList，也能直接进入商品列表页面，这在实际开发中是不合理的。

下面将使用Spring Boot整合Spring MVC框架，实现拦截器功能。

 相关知识

● 视 频
实现拦截器功能相关知识点

一、HttpSession对象

HttpSession对象是Java Servlet API中的一个接口，用于在Web应用程序中跟踪用户会话状态。它提供了一种在多个请求之间存储和检索用户相关数据的机制。

通过HttpSession对象，用户可以轻松地在不同的请求之间共享数据，并跟踪用户会话状态。它在许多Web应用程序中用于存储用户身份验证信息、购物车内容、用户首选项等。

一般会将用户相关的信息如用户ID、用户角色等保存在session中，服务器就能根据这些信息识别用户身份。但是，使用HttpSession需要注意，过度使用或不恰当使用会话可能会导致针对用户的Web应用程序的内存使用量增加，因为为每个用户会话存储的数据都占用服务器内存。因此，应该只在需要在整个会话中维护某些数据时才使用会话。

二、@Component注解

@Component注解是一个常用的Spring注解，用于标识一个类作为Spring组件。通过使用@Component注解，可以将普通的Java类转换为通过Spring容器管理的组件。这些组件可以通过自动装配或手动的方式在应用程序中使用和引用。

@Component注解是一个泛型注解，可用于标识任何类型的类作为组件，如服务类、存储库类、工具类等。实际上，@Component注解是更通用注解@Repository、@Service和@Controller的基础。

三、HandlerInterceptor接口

HandlerInterceptor接口是Spring MVC中拦截器的基本接口，它定义了在请求和响应过程中需要执行的方法。HandlerInterceptor可以拦截Spring MVC中的请求，在请求到达控制器前或在视图渲染前对请求进行操作。

HandlerInterceptor包含以下方法：

（1）preHandle()：在请求之前执行，可以进行权限检查、日志记录等操作。

（2）postHandle()：在请求处理之后，视图渲染之前执行，可以对响应数据进行操作，如添加公用头、footer等。

（3）afterCompletion()：在视图渲染完成之后执行，可以进行资源释放、日志记录等操作。

HandlerInterceptor接口仅定义了方法，不能直接使用。需要实现HandlerInterceptor接口，然后将其注册为Spring MVC拦截器。可以配置多个HandlerInterceptor拦截器，以达到不同的功能需求。

任务实施

下面将使用WebMvcConfigurer接口中的addInterceptors()方法注册自定义拦截器，实现如果用户没有登录，访问后台其他页面，将直接跳转到登录页面。具体步骤如下：

一、修改控制类

修改控制类AdminuserCtrl，在方法doLogin()中添加用户登录成功之后，将用户名保存到HttpSession对象中。部分AdminuserCtrl代码如下所示。

```
@Controller
@RequestMapping("/admin")
public class AdminuserCtrl{

    // 省略部分代码
    @RequestMapping("/doLogin")
     public String doLogin(Adminuser adminuser, Model model, HttpSession session){
        Adminuser admin=adminuserService.getAdminUser(adminuser);
        if(admin==null){
            model.addAttribute("msg","用户名或者密码不正确");
            return "login";
        }
        session.setAttribute("aduUserName",admin.getName());
        return "redirect:/admin/goods/getGoodsList";
    }
}
```

二、创建自定义拦截器类

在com.test.config包下创建一个自定义拦截器类MyInterceptor实现HandlerInterceptor接口，并编写拦截业务的代码。代码如下：

```
package com.test.config;
import jakarta.servlet.http.HttpServletRequest;
import jakarta.servlet.http.HttpServletResponse;
import org.springframework.stereotype.Component;
import org.springframework.web.servlet.HandlerInterceptor;

@Component
public class MyInterceptor implements HandlerInterceptor{
    @Override
     public boolean preHandle(HttpServletRequest request, HttpServletResponse response, Object handler) throws Exception{
        String uri=request.getRequestURI();
        Object loginUser=request.getSession().getAttribute("aduUserName");
        if (uri.startsWith("/admin") && null==loginUser){
            response.sendRedirect("/admin/toLogin");
            return false;
        }
```

```
            return true;
        }
    }
```

在上述代码中，preHandle()方法中，如果用户请求以"/admin"开头，则判断用户是否登录。如果没有登录，则重定向到"/admin/toLogin"请求对应的登录页面。

三、注册自定义的拦截器

在自定义配置类MyMVCconfig中，重写方法addInterceptors()注册自定义的拦截器。部分MyMVCconfig代码如下：

```
@Configuration
public class MyConfig implements WebMvcConfigurer{
    @Override
    public void addViewControllers(ViewControllerRegistry registry){
        registry.addViewController("/admin").setViewName("login");
    }

    @Resource
    MyInterceptor myInterceptor;

    @Override
    public void addInterceptors(InterceptorRegistry registry){
        registry.addInterceptor(myInterceptor)
                .addPathPatterns("/admin/**")
                .excludePathPatterns("/admin","/admin/toLogin")
                .excludePathPatterns("/admin/doLogin","/admin/logout");
    }
}
```

在上述代码中，先使用@Resource注解引入自定义的MyInterceptor拦截器组件，然后重写其中的addinterceptors()方法注册自定义的拦截器。在注册自定义拦截器时，使用addPathPatterns(/**)方法拦截所有路径请求，excludePathPatterns()方法对参数中设置的请求进行了放行处理。

四、启动项目测试

直接在浏览器访问http://localhost:8080/admin/getGoodsList，可以看到没有登录，直接跳转到用户登录页面。

习题

1. 简述注册视图管理器的优缺点。
2. 简述什么是拦截器，如何注册自定义拦截器。
3. 实现自定义拦截器，用户未登录时访问后台资源，跳转到登录页面。

项目九
实现缓存管理

企业级应用的主要作用是信息处理,当需要读取数据时,如果直接在数据库中读取,会对数据层有非常大的压力,同时受限于数据库的访问效率,导致整体系统性能偏低。

我们常会在应用程序与数据库之间建立一种临时的数据存储机制,该区域中的数据在内存中保存,读/写速度较快,可以有效解决数据库访问效率低下的问题。这一块临时存储数据的区域就是缓存。

知识目标

- 掌握Spring Boot缓存的基本概念及常用注解。
- 了解Spring Boot支持的多种缓存类型及其特点,能够根据项目需求选择合适的缓存实现。
- 掌握RedisTemplate的使用。

技能目标

- 能够熟练使用Spring Cache注解对方法进行缓存操作,提高数据访问效率。
- 能够结合Spring Cache注解,将Redis作为缓存数据源,实现数据的缓存和更新操作。
- 能够熟练使用RedisTemplate进行数据的读/写操作。

素养目标

面对Spring Boot缓存机制或Redis整合过程中出现的问题,能够迅速定位问题原因并给出有效的解决方案。

任务一　实现 Spring Boot 默认缓存

任务目标

- 了解Spring Boot默认缓存底层结构。
- 掌握Spring Boot常见的缓存注解。
- 掌握使用Spring Boot缓存注解开启Spring Boot默认缓存。

任务描述

Spring Boot提供了对缓存的支持，可以方便地使用各种缓存技术（如Redis、Ehcache等），并提供了注解和配置，以简化缓存的使用和管理。通过使用Spring Boot的缓存功能，可以轻松地为应用程序添加缓存机制，从而提高应用程序性能和用户体验。本任务将实现使用缓存注解开启Spring Boot默认缓存。

相关知识

一、Spring Boot默认缓存底层结构

实现Spring Boot默认缓存相关知识点

Spring Boot默认使用的缓存底层结构是基于注解的内存缓存实现，主要使用了Spring Framework的CacheManager接口和相关注解来实现缓存功能。

在Spring Boot中，可以通过使用@EnableCaching注解启用缓存功能，并在需要缓存的方法上使用@Cacheable、@CachePut和@CacheEvict等注解来指定缓存的行为。

默认情况下，Spring Boot使用了一个简单的ConcurrentMapCacheManager作为缓存管理器，其内部使用了ConcurrentHashMap作为缓存存储结构。这意味着缓存数据存储在内存中，并使用基于哈希表的数据结构进行快速读/写操作。这种内存缓存适用于较小规模的应用程序或者对缓存数据存储一致性要求不高的场景。

二、缓存注解介绍

Spring Boot默认的基于注解的缓存管理是通过@EnableCaching、@Cacheable等注解实现的。下面对@EnableCaching、@Cacheable及其他与缓存管理相关的注解进行介绍。

（一）@EnableCaching注解

@EnableCaching注解是由Spring框架提供的，Spring Boot框架对该注解进行了继承，该注解需要配置在类的上方（一般配置在项目启动类上），用于开启基于注解的缓存支持。

具体来说，当在Spring Boot的配置类上使用@EnableCaching注解时，Spring Boot将会结合缓存相关的配置进行自动配置和初始化。它会创建一个适当的CacheManager，并根据配置的缓存提供者（如ConcurrentMapCacheManager、EhcacheCacheManager或RedisCacheManager等）选择对应的缓存管

理器实现。

通过在配置类上使用@EnableCaching注解，可以启用Spring Boot的缓存功能，并在需要缓存的方法上使用缓存注解来实现具体的缓存配置和使用。

（二）@Cacheable注解

@Cacheable注解也是由Spring框架提供的，可以作用于类或方法上（通常作用于数据查询方法上），用于对方法的执行结果进行数据缓存存储。

@Cacheable注解的执行顺序：方法运行之前，先进行缓存查询，按照cacheNames指定的名字获取数据。如果缓存为空则进行方法查询（查数据库），并将结果进行缓存；如果缓存中有数据，则不进行方法查询，而是直接使用缓存数据。

@Cacheable注解提供了多个属性，用于对缓存存储进行相关设置，见表9-1。

表 9-1 @Cacheable 注解属性

属 性 名	说 明
value/cacheNames	指定缓存空间的名称，必配属性。这两个属性二选一使用
key	指定缓存数据的key，默认使用方法参数值，可以使用SpEL表达式
keyGenerator	指定缓存数据的key的生成器，与key属性二选一使用
cacheManager	指定缓存管理器
cacheResolver	指定缓存解析器，与cacheManager属性二选一使用
condition	指定在符合某条件下，进行数据缓存
unless	指定在符合某条件下，不进行数据缓存
sync	指定是否使用异步缓存，默认false

Spring Cache提供了一些供人们使用的SpEL上下文数据，见表9-2。

表 9-2 SpEL 上下文数据

名 字	位 置	描 述	示 例
methodName	root对象	当前被调用的方法名	#root.methodName
method	root对象	当前被调用的方法	#root.method.name
target	root对象	当前被调用的目标对象实例	#root.target
targetClass	root对象	当前被调用的目标对象的类	#root.targetClass
args	root对象	当前被调用的方法的参数列表	#root.args[0]
caches	root对象	当前方法调用使用的缓存列表（如 @Cacheable(value = {"cach1","cache2"})，则有两个cache）	#root.caches[0].name
Argument name	执行上下文	当前被调用的方法的参数，可以直接使用#参数名，如findArtisan(Atisan artisan)，可以通过#artisan.id获得参数	#artsian.id
result	执行上下文	方法执行后的返回值（仅当方法执行后的判断有效，如unless cacheEvict的beforeInvocation=false)	#result

（三）@CachePut注解

@CachePut注解也是由Spring框架提供的，可以作用于类或方法（通常用在数据更新方法上），该注解的作用是更新缓存数据。

@CachePut注解的执行顺序：先进行方法调用，然后将方法结果更新到缓存中，目标方法执行完之后生效。@CachePut被使用于修改操作较多，若缓存中已经存在目标值，该注解作用的方法依然会执行，执行后将结果保存在缓存中（覆盖原来的目标值）。

@CachePut注解也提供了多个属性，这些属性与@Cacheable注解的属性完全相同。

（四）@CacheEvict注解

@CacheEvict注解也是由Spring框架提供的，可以作用于类或方法上（通常作用于数据删除方法上），该注解的作用是删除缓存数据。

@CacheEvict注解的默认执行顺序：先进行方法调用，然后将缓存进行清除。

@CacheEvict注解也提供了多个属性，这些属性与@Cacheable注解的属性基本相同。除此之外，还额外提供了两个特殊属性allEntries和beforeInvocation。

1. allEntries属性

allEntries属性表示是否清除指定缓存空间的所有缓存数据，默认值为false（即默认只删除指定key对应的缓存数据）。

@CacheEvict(cacheNames = "selectAllUser",allEntries = true) //全部删除

@CacheEvict(cacheNames="user", key="#id") //根据id单个删除

2. beforeInvocation属性

beforeInvocation属性表示是否在方法执行之前进行缓存清除，默认值为false（即默认在执行方法后再进行缓存清除）。

● 视频

实现Spring Boot默认缓存

任务实施

为了更好地演示使用缓存的效果，首先在全局配置文件application.properties中添加以下代码，修改Spring Boot中控制台打印sql日志的级别为debug。

```
logging.level.com.test.dao=debug
```

logging.level后面的路径com.test.dao指的是在本任务中mybatis对应的方法接口所在的包。

其次，项目登录成功之后，在浏览器访问http://localhost:8080/admin/goods/1，即使页面的数据没有变化，但是如果不断刷新浏览器，每刷新一次，控制台就会输出一条SQL语句，如图9-1所示。

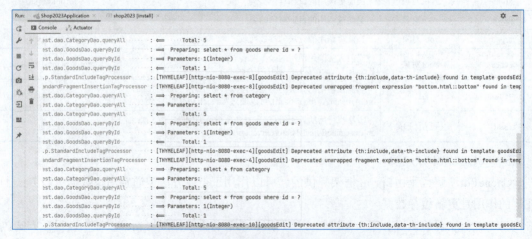

图9-1 没有缓存时根据ID查询某一商品的效果

这是因为在没有缓存管理的情况下,虽然数据表中的数据没有发生变化,但是每执行一次查询操作,都会访问一次数据库并执行一次SQL语句。随着时间的积累,系统的数据规模越来越大,数据库的操作会直接影响用户的使用体验,此时使用缓存往往是解决这一问题的非常好的一种途径。下面将实现开启Spring Boot的默认缓存,具体步骤如下:

一、开启基于注解的缓存支持

在项目启动类的类名上方使用@EnableCaching注解开启基于注解的缓存支持。代码如下:

```
package com.test;
import org.springframework.boot.SpringApplication;
import org.springframework.boot.autoconfigure.SpringBootApplication;
import org.springframework.cache.annotation.EnableCaching;

@EnableCaching
@SpringBootApplication
public class Shop2023Application{
    public static void main(String[] args){
        SpringApplication.run(Shop2023Application.class);
    }
}
```

二、对查询结果进行缓存

将@Cacheable注解标注在Service类的查询方法上。本任务使用的是queryById()方法,对查询结果进行缓存,部分GoodsServiceImpl代码如下:

```
import org.springframework.cache.annotation.Cacheable;

@Service("goodsService")
public class GoodsServiceImpl implements GoodsService{

    @Cacheable(cacheNames="goods", unless="#result==null")
    @Override
    public Goods queryById(Integer id){
        return this.goodsDao.queryById(id);
    }

    // 省略更多方法……
}
```

三、Spring Boot默认缓存测试

在浏览器访问http://localhost:8080/admin/goods/1,不断刷新浏览器,如图9-2所示,数据库只执行了一次根据ID查询商品的SQL语句,说明项目开启的默认缓存支持已经生效。

图 9-2　使用缓存时根据 ID 查询某一商品的效果

任务二　实现 Spring Boot 整合 Redis

任务目标

- 了解Redis的优势。
- 掌握Redis的安装及配置。
- 掌握基于注解的Redis缓存实现。
- 掌握基于API的Redis缓存实现。
- 了解Spring Boot缓存适用的场景。

任务描述

Spring Boot还提供了对其他缓存技术的支持，包括基于JCache标准的Ehcache、基于Redis的缓存等。用户可以根据实际需求，通过配置文件或者编程方式，切换到其他缓存提供者来满足应用程序的性能和扩展需求。下面将讲解Spring Boot整合Redis来实现缓存管理。

相关知识

实现Spring Boot整合Redis相关知识点

一、Redis的优势

Redis（remote dictionary server）是一个开源的内存数据存储系统，具备以下优势：

（1）高性能：Redis将数据存储在内存中，并使用基于内存的数据结构和算法，因此具有出色的读/写性能。它可以处理高并发的读/写请求，并且具有低延迟的特点，适用于对性能要求较高的应用场景。

（2）数据结构丰富：Redis支持多种数据结构，如字符串、哈希表、列表、集合、有序集合等。这些数据结构具有丰富的操作命令，能够灵活地满足各种数据处理和存储需求。

（3）持久化支持：Redis支持数据的持久化存储，可以将数据存储到磁盘上，以便在重启后恢复数据。它提供了两种持久化方式：RDB（快照）和AOF（日志文件），可以根据需要选择适合的持久化方式。

（4）高可用性：Redis提供了主从复制和哨兵机制，可以实现高可用性和自动故障转移。通过主从复制，可以将主节点的数据复制到多个从节点，实现读/写分离和负载均衡；通过哨兵机制，可以对节点进行监控和故障转移，保证服务的可用性。

（5）分布式支持：Redis提供了Redis Cluster集群方案，可以将数据分布在多个节点上，实现水平扩展和负载均衡。Redis Cluster使用分片技术，将数据按照hash算法划分到不同的节点上，可以支持大规模的数据存储和查询。

（6）可扩展性：由于Redis具有良好的可扩展性，可以将节点添加到集群中或者进行主从复制，以满足不断增长的数据需求和并发请求。

（7）多语言支持：从官方给出的客户端列表可以看出，各种各样的语言都能接入到Redis。接入包括所有的主流开发语言，如Java、Python、Node.js等，可以方便地与不同的应用程序进行集成。

目前使用Redis的公司非常多，国内外都有很多重量级的公司在用，所以学习Redis是大势所趋。学好Redis能为自己在以后的工作中增加一个强有力的竞争手段。

二、Spring Boot缓存适用场景

Spring Boot的缓存功能适用于以下一些场景：

（1）经常读取的数据：当应用程序需要频繁地读取相同的数据时，可以使用缓存来提高读取数据的性能，包括配置数据、静态数据、参考数据等。

（2）频繁计算的结果：如果应用程序需要进行复杂的计算或查询，但计算结果在一段时间内保持不变，可以使用缓存来存储计算结果，以避免重复计算，提高应用程序的性能。

（3）数据库查询结果：当应用程序需要执行频繁查询数据库的操作时，可以使用缓存将查询结果缓存起来，以减少对数据库的访问次数。这对于对相同查询条件的重复查询特别有用。

（4）外部API调用结果：当应用程序需要频繁调用外部API并获取结果时，可以使用缓存来存储API的响应数据，以避免频繁的网络请求，提高应用程序的性能和可靠性。

（5）动态数据的缓存：有些场景下，某些动态数据在一段时间内可能保持不变，如页面片段、动态网页内容等。使用缓存可以将这些数据缓存起来，减少对数据库或其他数据源的查询频率，提高应用程序的响应速度。

> 注意：对于一些频繁变动的数据或具有强实时性要求的数据，缓存可能不适用。因为缓存的数据可能存在一定的延迟和不一致性，无法及时反映最新的数据状态。

在选择使用缓存时，需要根据具体的应用程序需求和业务场景，评估缓存能够带来的性能提升，并考虑缓存带来的一致性和管理的额外开销。

一、Redis安装配置

使用类似Redis的第三方缓存组件进行缓存管理时，缓存数据并不像Spring Boot默认缓存管理那样存储在内存中，而是需要预先搭建类似Redis服务的数据仓库进行缓存存储。所以，首先需要安装并开启Redis服务。

（1）Redis下载：Redis版本有安装版本和解压版本，如图9-3所示。实际开发中可以根据实际情况选择所需要的版本，本书选择的是解压版。

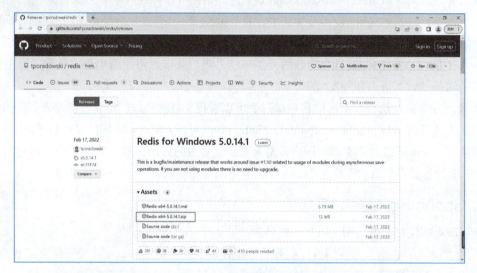

图9-3　Redis 下载页面

（2）将下载的Redis安装包解压到合适的位置(即为安装目录)，如图9-4所示。打开安装目录，双击resdis-server.exe,即可开启redis服务，如图9-5所示。

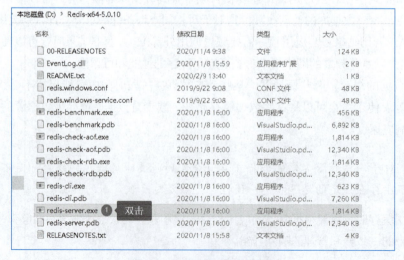

图9-4　Redis 解压后的界面

项目九 实现缓存管理 161

图 9-5 Redis 服务器启动后的效果

（3）在步骤（2）中开启Redis服务，需要每次找到Redis的安装路径，比较麻烦。我们还可以配置Redis的环境变量，通过命令的形式启动Redis服务。在环境变量中添加Redis的安装路径，步骤如图9-6所示；在Cmd中使用命令resdis-server命令开启Redis服务，如图9-7所示。

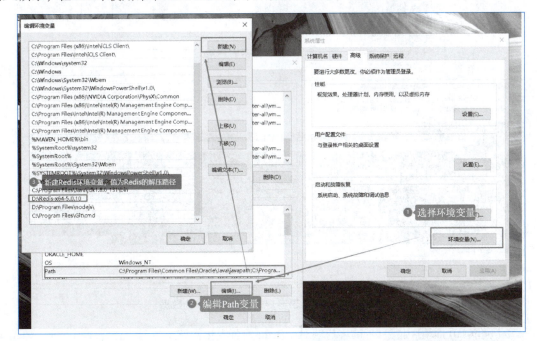

图 9-6 配置 Redis 环境变量

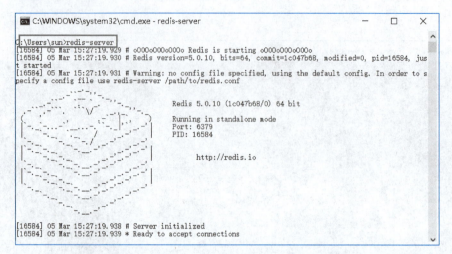

图 9-7 使用 redis-sever 命令启动 Redis 服务

（4）使用命令resdis-cli命令可以打开Redis自带的客户端，如图9-8、图9-9所示。

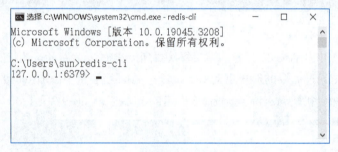

图 9-8 Redis 自带客户端

图 9-9 Redis 自带客户端获取缓存中的数据

（5）从图9-10可以看出，自带的客户端对于Redis的可视化操作及数据的查看并不方便。Redis可视化客户端工具有很多，这里推荐一款RedisInsight。

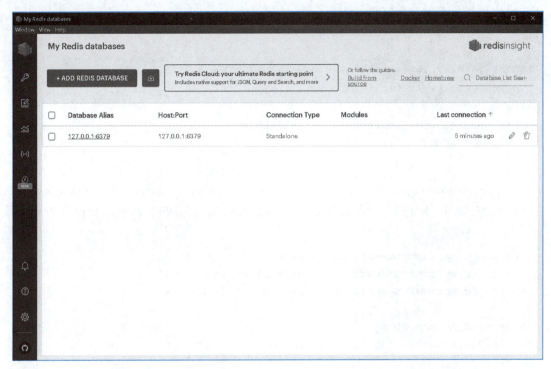

图 9-10　RedisInsight 工具

RedisInsight是Redis Labs推出的一个免费的Redis可视化工具，可用于管理Redis数据库和监控Redis实例。RedisInsight提供了一个用户友好的图形界面，可以方便地查看Redis数据库的状态、监控Redis 实例的性能、执行Redis命令等，用户可以自行在官网下载。RedisInsight安装非常简单，这里不再赘述。

二、基于注解的Redis缓存实现

（1）在pom.xml文件中添加Spring Data Redis启动器依赖。部分pom.xml代码如下：

```xml
<dependency>
    <groupId>org.springframework.boot</groupId>
    <artifactId>spring-boot-starter-data-redis</artifactId>
</dependency>
```

（2）在项目的全局配置文件application.properties中添加Redis服务的连接配置（如果采用的都是默认值，此步骤可以省略）。部分application.properties代码如下：

```
spring.data.redis.host=127.0.0.1
spring.data.redis.port=6379
spring.security.user.password=
#对基于注解的Redis缓存数据统一设置有效期为1分钟
spring.cache.redis.time-to-live=60000
```

（3）对实体类对象进行缓存存储时必须先实现序列化(一些基本数据类型不需要序列化，因为内部已经默认实现了序列化接口），否则会出现缓存异常，导致程序无法正常执行。部分Goods.java代码如下：

```java
import java.io.Serializable;
import java.util.Date;

public class Goods implements Serializable{
    // 省略部分代码……
}
```

（4）对类GoodsServiceImpl中的方法进行修改，使用@Cacheable、@CachePut、@CacheEvict这3个注解定制缓存管理，分别演示缓存数据的存储、更新和删除。部分GoodsServiceImpl类代码如下：

```java
……
import org.springframework.cache.annotation.CacheEvict;
import org.springframework.cache.annotation.CachePut;
import org.springframework.cache.annotation.Cacheable;

@Service("goodsService")
public class GoodsServiceImpl implements GoodsService{

    // 省略部分代码……
    */
    @Cacheable(cacheNames="goods", unless="#result==null")
    @Override
    public Goods queryById(Integer id){
        return goodsDao.queryById(id);
    }

    @CacheEvict(cacheNames="goods", key="#gdID")
    @Override
    public Response<Goods> deleteById(int gdID){
        Response<Goods> res=null;
        int num=goodsDao.deleteById(gdID);
        if (num>0){
            res=Response.success("商品删除成功！");
        } else{
            res=Response.fail("商品删除失败！");
        }
        return res;
    }

    @CachePut(cacheNames="goods", key="#goods.id")
    @Override
    public Response<Goods> update(Goods goods){
```

```java
            Response<Goods> res=null;
            if (null==goods.getName()||goods.getName().trim().length()<=0){
                res=Response.fail("商品名称不能为空");
                return res;
            }
            if (null==goods.getCode()||goods.getCode().trim().length()<=0){
                res=Response.fail("商品编号不能为空");
                return res;
            }
            if (null==goods.getPrice()||goods.getPrice()<0){
                res=Response.fail("商品价格范围不正确");
                return res;
            }
            goods.setName(goods.getName().trim());
            goods.setCode(goods.getCode().trim());
            int num=goodsDao.update(goods);
            if (num>0) {
                res=Response.success("商品【" + goods.getId() + "---" + goods.getName() + "】编辑成功！", goods);
            } else{
                res=Response.fail("商品编辑失败！");
            }
            return res;
        }
        // 省略更多方法……
    }
```

（5）启动项目测试，登录成功后，在浏览器访问http://localhost:8080/admin/goods/1，重复进行同样的查询操作，数据库只执行了一次SQL查询语句，如图9-11所示，说明项目开启的Redis缓存支持已经生效，缓存中的数据如图9-12所示。需要注意的是Redis服务器要处于开启状态。

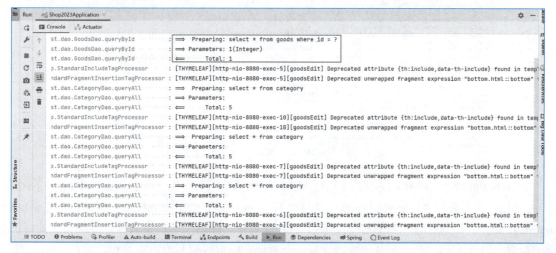

图 9-11　基于 Redis 缓存测试

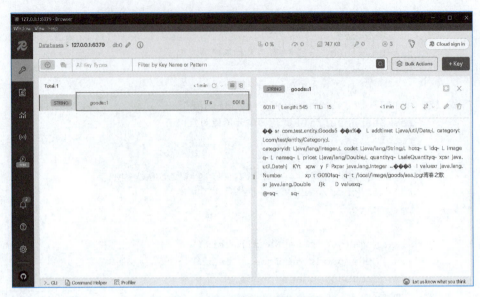

图 9-12　Redis 缓存中的数据

当删除ID是1的商品之后，可以看到Redis缓存服务器中keygood::1的数据已经被删除。

下面进行如下操作：在商品列表页面，选择一个商品进行编辑（图9-13地址栏可以看出编辑的商品ID是2），编辑成功之后，回到商品列表页面，然后再编辑该商品，可以看到如下错误信息，如图9-13所示。

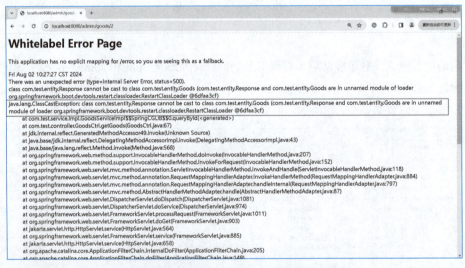

图 9-13　错误信息（数据类型转换错误）

@Cacheable和@CachePut注解是将执行方法的返回值放到缓存中，在上述操作中，成功编辑ID是2的商品，会更新缓存中key值是goods::2的数据，update()方法是Response类型，也就是说key值是goods::2的缓存中数据是Response类型的。再一次单击"编辑"按钮进入该商品编辑页面时，因为缓存中已经有key值是goods::2的数据，所以会从缓存中取，但是取出来的数据是Response类型，queryById()方法的返回值是Goods类型，所以会发生图9-14的错误。

此时将queryById()方法的返回值改成Response类型，即可解决该错误，步骤如下：
（1）修改接口GoodsService中queryById()方法的返回值，代码如下：

```
public interface GoodsService{

    Response<Goods> queryById(Integer id);
    // 省略其他方法……
}
```

（2）修改类GoodsServiceImpl中的queryById()方法，代码如下：

```
@Service
public class GoodsServiceImpl implements GoodsService{

    // 省略其他代码及方法……
    @Cacheable(cacheNames="goods", unless="#result==null")
    public Response<Goods> queryById(Integer id){
        Response<Goods> res=Response.success(goodsDao.queryById(id));
        return res;
    }
}
```

（3）修改控制层：

```
@Controller
@RequestMapping("/admin/goods")
public class GoodsCtrl{

    // 省略其他代码及方法……

    @GetMapping("/{id}")
    public String getGoods(@PathVariable("id") int gID, Model model){
        List<Category> categoryList=categoryService.queryAllCategory();
        model.addAttribute("categoryList", categoryList);
        // 根据ID获取商品
        Goods goods=goodsService.queryById(gID).getData();
        model.addAttribute("goods", goods);
        return "goodsEdit";
    }
}
```

三、基于API的Redis缓存实现

采用基于注解的Redis缓存实现方式，在Spring Boot全局配置文件中添加了spring.cache.redis.time-to-live属性统一配置Redis数据的有效期（单位为毫秒），这种方式相对来说不够灵活。

另外，使用Redis客户端查看缓存中的数据，可以看到数据是乱码。这是因为在redis存储时使用的是默认情况下的模板RedisTemplate<Object, Object>，默认序列化使用的是JdkSerializationRedisSerializer，存储二进制字节码。这时需要使用自定义模板来实现Redis缓存。

（1）在config包下新建配置类RedisConfig，代码如下：

```java
package com.test.config;
import com.fasterxml.jackson.annotation.JsonAutoDetect;
import com.fasterxml.jackson.annotation.PropertyAccessor;
import com.fasterxml.jackson.databind.ObjectMapper;
import org.springframework.context.annotation.Bean;
import org.springframework.context.annotation.Configuration;
import org.springframework.data.redis.connection.RedisConnectionFactory;
import org.springframework.data.redis.core.RedisTemplate;
import org.springframework.data.redis.serializer.Jackson2JsonRedisSerializer;
import org.springframework.data.redis.serializer.StringRedisSerializer;

@Configuration
public class RedisConfig{

    @Bean
    @SuppressWarnings("all")
    public RedisTemplate<String, Object> redisTemplate(RedisConnectionFactory redisConnectionFactory){

        RedisTemplate<String, Object> redisTemplate=new RedisTemplate<>();
        redisTemplate.setConnectionFactory(redisConnectionFactory);
        // Json 序列化配置
        Jackson2JsonRedisSerializer jackson2JsonRedisSerializer=new Jackson2JsonRedisSerializer(Object.class);
        ObjectMapper objectMapper=new ObjectMapper();
        objectMapper.setVisibility(PropertyAccessor.ALL, JsonAutoDetect.Visibility.ANY);
        objectMapper.enableDefaultTyping(ObjectMapper.DefaultTyping.NON_FINAL);
        jackson2JsonRedisSerializer.setObjectMapper(objectMapper);

        // String 的序列化
        StringRedisSerializer stringRedisSerializer=new StringRedisSerializer();

        // key 采用String的序列化方式
        redisTemplate.setKeySerializer(stringRedisSerializer);

        // value 序列化方式采用 jackson
        redisTemplate.setValueSerializer(jackson2JsonRedisSerializer);

        // hash 的key也采用String的序列化方式
```

```
        redisTemplate.setHashKeySerializer(stringRedisSerializer);

        // hash 的value也采用jackson的序列化方式
        redisTemplate.setHashValueSerializer(jackson2JsonRedisSerializer);

        redisTemplate.afterPropertiesSet();

        return redisTemplate;
    }
}
```

（2）对类GoodsServiceImpl中的方法进行修改，GoodsServiceImpl类代码如下：

```
@Service
public class GoodsServiceImpl implements GoodsService{
    @Resource
    GoodsDao goodsDao;

    @Resource
    private RedisTemplate redisTemplate;

    @Override
    public Response<Goods> queryById(Integer id){
        // 先从缓存中查询
        Response obj=(Response) redisTemplate.opsForValue().get("goods_" + id);
        // 如果有，返回结果
        if (obj!=null){
            return obj;
        }
        // 如果缓存中没有该数据，查询数据库
        Response<Goods> res=Response.success(goodsDao.queryById(id));
        // 存到缓存中的数据并不一定必须是该方法的返回值
        redisTemplate.opsForValue().set("goods_" + id, res, 1, TimeUnit.HOURS);
        return res;
    }

    @Override
    public boolean deleteById(int gdID){
        boolean flag=goodsDao.deleteById(gdID)>0;
        if (flag){
            redisTemplate.delete("goods_"+gdID);
        }
        return flag;
    }

    @Override
    public Response<Goods> update(Goods goods){
```

```
            Response<Goods> res=null;
            if(null==goods.getPrice()|| goods.getPrice()<0){
                res=Response.fail("商品价格范围不正确");
                return res;
            }
            int num=goodsDao.update(goods);
            if(num>0){
                 res=Response.success("商品【"+goods.getId()+"---"+goods.getName()+"】
编辑成功！", goods);
                redisTemplate.opsForValue().set("goods_" + res.getData().getId(), res);
            }else{
                res=Response.fail("商品编辑失败！");
            }
            return res;
        }

    // 省略部分代码……

}
```

（3）启动项目测试，登录成功后，在浏览器访问http://localhost:8080/admin/goods/1，缓存中的数据已经不再显示乱码，如图9-15所示。

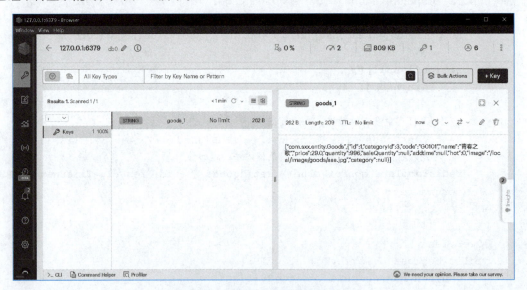

图 9-14　重新序列化后的缓存测试

习题

1. 简述注解@EnableCaching、@Cacheable、@CachePut、@CacheEvict的作用。
2. 简述Spring Boot的缓存适用的场景。
3. 通过Spring Boot整合Redis，使用基于API的方式实现商品类别模块缓存的管理。

项目十
实现 Spring Boot 安全管理

实际开发中，一些应用通常要考虑到安全性问题。例如，对于一些重要的操作，有些请求需要用户验明身份后才可以执行，还有一些请求需要用户具有特定权限才可以执行。这样做的意义，不仅可以用来保护项目安全，还可以控制项目访问效果。

一般的Web应用需要进行认证和授权。
- 认证：验证当前访问系统的是否为本系统的用户，并且要确认具体是哪个用户。
- 授权：经过认证后判断当前用户是否有权限进行某个操作。

认证和授权也是Spring Security作为安全框架的核心功能，本项目将介绍Spring Security。

知识目标

- 了解Spring Security的主要功能。
- 掌握Spring Security自定义用户认证的方法。

技能目标

能够根据业务需求，编写自定义的身份验证逻辑。

素养目标

- 具备持续学习的能力，能够关注安全领域的最新发展动态和技术趋势。
- 在软件开发过程中，能严格遵守职业道德规范。

任务一  认识 Spring Security

任务目标

- 了解Spring Security的功能。
- 掌握Spring Security的安全配置。

任务描述

Spring Security是基于Spring生态圈的,它提供了全面的安全解决方案,用于保护应用程序免受各种安全威胁和攻击。它是基于许多标准和最佳实践构建的,可以与Spring框架和其他第三方库平滑集成。本任务主要带读者了解Spring Security的主要功能,以及使用Spring Security开启项目的安全管理。

相关知识

视频

认识Spring
Security相关
知识点

一、Spring Security 主要功能

Spring Security 是一个用于应用程序安全的开发框架,提供了在 Spring 生态系统中实现身份验证、授权、防护和安全性控制的解决方案。其主要功能包括:

(1)身份验证(authentication):Spring Security 提供了多种身份验证方式,如表单认证、基本认证、LDAP认证等。它还支持自定义的认证机制,可以轻松地与不同类型的身份验证集成。

(2)授权(authorization):Spring Security 允许开发者定义细粒度的授权策略,通过角色、权限等方式管理用户对受保护资源的访问权限。开发者可以使用注解、XML配置或编程方式来配置授权规则,以满足应用程序的需求。

(3)攻击防护(attack protection):Spring Security 提供了多种防护机制,用于防范常见的网络攻击,如跨站点请求伪造(CSRF)、跨站脚本攻击(XSS)、点击劫持等。开发者可以使用内置的过滤器和标签增强应用程序的安全性。

(4)安全上下文管理(security context management):Spring Security 管理着当前用户的安全上下文,包括认证信息和授权信息。开发者可以通过安全上下文获取当前用户的信息,进行诸如角色检查、权限检查等操作。

(5)单点登录(single sign-on,SSO):Spring Security 提供了单点登录功能,可以集成各种身份提供者(如LDAP、OAuth、OpenID等),实现用户在多个应用程序之间的统一身份管理。

Spring Security 还具有可扩展性和灵活性,可以根据不同的需求进行自定义和扩展。它提供了丰富的配置选项和可重用的组件,使开发者能够快速构建安全可靠的应用程序。

总而言之,Spring Security 是一个功能强大、灵活且易于使用的安全框架,为开发者提供了全面

的安全解决方案，使他们能够轻松地保护应用程序免受安全威胁。它在企业级Java应用程序中得到广泛应用，并得到了社区和行业的认可。

二、spring-boot-starter-security

spring-boot-starter-security是Spring Boot的一个starter依赖，用于集成和配置Spring Security。添加spring-boot-starter-security依赖后，Spring Boot将自动配置一些默认的安全行为：

（1）基于表单的登录页面：Spring Security将提供一个默认的登录页面和处理逻辑，用于用户进行身份验证。

（2）关闭CSRF保护：CSRF（cross-site request forgery）跨站请求伪造保护功能默认开启，可以通过配置进行关闭。

（3）HTTP基本身份验证：可以使用HTTP基本身份验证来保护应用程序。

（4）默认用户名和密码：在启动应用程序时，Spring Security会生成一个随机的密码，并在日志中打印出来，作为默认的用户名和密码。可以使用这些默认的凭据进行登录。

视 频

认识Spring Security

下面开启项目的Spring Security安全管理。具体步骤如下：

一、添加spring-boot-starter-security启动器

在项目的pom.xml文件中引入Spring Security安全框架的依赖启动器spring-boot-starter-security。

```xml
<dependency>
    <groupId>org.springframework.boot</groupId>
    <artifactId>spring-boot-starter-security</artifactId>
</dependency>
```

二、项目启动测试

项目启动时会在控制台Console中自动生成一个随机的安全密码，如图10-1所示。

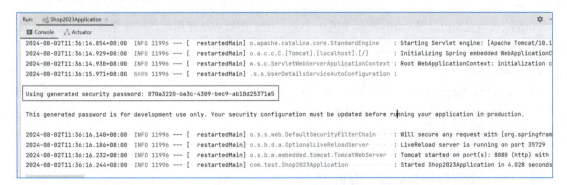

图 10-1　控制台随机密码

在浏览器中访问http://localhost:8080/，可以看到登录页面。添加了Security依赖后，Spring Security会自带一个默认的登录页面。Spring Security默认的登录页面，用户名默认为user，密码随机

生成如图10-2所示。

图 10-2　Spring Security 默认登录页面

任务二　自定义用户访问控制

任务目标

- 熟悉HttpSecurity中的主要方法。
- 掌握使用Spring Security实现自定义访问控制。

任务描述

在任务一中，运行项目首先打开的是一个默认的用户登录页面，这就是Spring Securiy提供的默认登录处理机制。实际开发中，通常要求定制更美观的用户登录页面（项目中的login页面），并配置有更好的错误提示信息，此时需要自定义用户登录控制。

相关知识

HttpSecurity是Spring Security框架中的一个类，用于配置Web应用程序的安全性。它允许开发人员通过配置方法定义应用程序的安全限制，包括认证和授权等方面。

HttpSecurity提供了一系列方法，开发人员可以使用这些方法配置不同的安全性设置。例如：

（1）authorizeRequests()：配置哪些URL路径需要特定的权限访问。其返回值是一个HttpSecurity对象，该对象包含了一系列与授权相关的方法，见表10-1。

（2）formLogin()：启用基于表单的登录认证。

（3）logout()：配置注销功能。

（4）csrf()：配置跨站请求伪造的保护。

（5）cors()：配置跨源资源共享。

通过使用这些方法，开发人员可以根据应用程序的需求灵活地配置安全性设置，保护Web应用程序免受恶意攻击和未授权访问。

项目十 实现 Spring Boot 安全管理

表 10-1 访问控制的方法

方法名称	方法作用
permitAll()	表示所匹配的 URL 任何人都允许访问
anonymous()	表示可以匿名访问匹配的 URL。同 permitAll() 效果类似，只是设置为 anonymous() 的 url 会执行 filterChain 中的 filter
denyAll()	表示所匹配的 URL 都不允许被访问
authenticated()	表示所匹配的 URL 都需要被认证才能访问
rememberMe()	允许通过 remember-me 登录的用户访问
access()	SpringEl 表达式结果为 true 时可以访问
fullyAuthenticated()	用户完全认证可以访问（非 remember-me 下自动登录）
hasRole()	如果有参数，参数表示角色，则其角色可以访问
hasAnyRole()	如果有参数，参数表示角色，则其中任何一个角色可以访问
hasAuthority()	如果有参数，参数表示权限，则其权限可以访问
hasAnyAuthority()	如果有参数，参数表示权限，则其中任何一个权限可以访问
hasIpAddress()	如果有参数，参数表示 IP 地址，如果用户 IP 和参数匹配，则可以访问

任务实施

下面将实现 Spring Securiy 的用户自定义登录和用户退出。具体步骤如下：

一、创建封装管理员权限的实体类

在 entity 包下创建封装管理员权限的实体类 AdminRole，代码如下：

视频

自定义用户访问控制

```
package com.test.entity;
import lombok.Builder;
import lombok.Data;
import java.util.Date;

@Data
@Builder
public class AdminRole{
    private Long id;
    private String username;
    private String role;
    private Date createTime;
}
```

在上述代码中，@Data 和 @Builder 是 Lombok 插件中提供的注解，具体使用方式可以参照项目十一的任务三。

二、实现根据用户名查找权限功能

在 dao 包下创建接口 AdminUserRoleDao，添加 selectByUsername() 方法，实现根据用户名查找权限的功能。代码如下：

```
package com.test.dao;
import com.test.entity.AdminRole;
import org.apache.ibatis.annotations.Mapper;
import org.apache.ibatis.annotations.Select;
import java.util.List;

@Mapper
public interface AdminUserRoleDao{
    @Select("SELECT * FROM admin_role where username=#{username}")
    List<AdminRole> selectByUsername(String username);
}
```

三、实现根据用户名查找管理员功能

在接口AdminuserDao中添加selectByUsername()方法，实现根据用户名查找管理员的功能。AdminuserDao部分代码如下：

```
@Mapper
public interface AdminuserDao{
    // 根据用户名和密码查找用户
    @Select("select * from adminuser where name=#{adminuser.name} AND password=#{adminuser.password}")
    Adminuser getAdminuser(@Param("adminuser") Adminuser adminuser);

    @Select("SELECT * FROM adminuser where name=#{username} ")
    Adminuser selectByUsername(String username);
}
```

四、修改业务层类

修改业务层类AdminuserServiceImpl，实现接口UserDetailsService。AdminuserServiceImpl部分代码如下：

```
@Service
public class AdminuserServiceImpl implements AdminuserService, UserDetailsService{

    @Resource
    AdminuserDao adminuserDao;

    @Resource
    private AdminUserRoleDao adminUserRoleDao;

    @Override
    public Adminuser getAdminuser(Adminuser adminuser){
        // 密码加密
```

```
            String psw=DigestUtils.md5DigestAsHex(adminuser.getPassword().getBytes());
            adminuser.setPassword(psw);
            return adminuserDao.getAdminuser(adminuser);
    }

    @Override
      public UserDetails loadUserByUsername(String username) throws
UsernameNotFoundException{
            Adminuser admin = adminuserDao.selectByUsername(username);
            if (admin==null){
                throw new UsernameNotFoundException("该用户不存在");
            }

            // 用户角色
            List<AdminRole> roleDOS=adminUserRoleDao.selectByUsername(username);
            String[] roleArr=null;
            if (!CollectionUtils.isEmpty(roleDOS)){
                    List<String> roles=roleDOS.stream().map(p->p.getRole()).collect
(Collectors.toList());
                    roleArr=roles.toArray(new String[roles.size()]);
            }
            return User.withUsername(admin.getName())
                    .password(admin.getPassword())
                    .authorities(roleArr)
                    .build();
    }
}
```

五、新建配置类

在config包下新建Spring Security的配置类SpringSecurityConfig，代码如下：

```
package com.test.config;
import org.springframework.context.annotation.Bean;
import org.springframework.context.annotation.Configuration;
import org.springframework.security.config.annotation.web.builders.HttpSecurity;
import org.springframework.security.config.annotation.web.configuration.EnableWebSecurity;
import org.springframework.security.crypto.factory.PasswordEncoderFactories;
import org.springframework.security.crypto.password.PasswordEncoder;
import org.springframework.security.web.SecurityFilterChain;

@EnableWebSecurity
```

```java
@Configuration
public class SpringSecurityConfig{
    @Bean
    public SecurityFilterChain filterChain(HttpSecurity http) throws Exception{
        http.authorizeHttpRequests((authorize) -> authorize
                .requestMatchers("/login").permitAll()
                .requestMatchers("/admin/orders/**").hasRole("ADMIN")
                .requestMatchers("/admin/**").permitAll()
                .anyRequest().authenticated()
        );

        // 关闭跨域防护
        http.csrf(csrf->csrf.disable());

        http.formLogin((form)->form
                // 自定义用户登录跳转的请求路径,对进行登录跳转的请求进行放行
                .loginPage("/admin/toLogin").permitAll()
                // login.html中的name属性
                .usernameParameter("name").passwordParameter("password")
                .loginProcessingUrl("/login")
                .defaultSuccessUrl("/admin/goods/getGoodsList")
        );

        // 退出登录
        http.logout((logout)->logout.invalidateHttpSession(true));
        return http.build();
    }

    @Bean
    public PasswordEncoder passwordEncoder(){
        return PasswordEncoderFactories.createDelegatingPasswordEncoder();
    }
}
```

在上述代码中,在Spring Security配置文件中定义了一个Bean,其中filterChain()方法的参数类型是HttpSecurity类。

另外在上述代码中,csrf().disable()关闭CSRF防护功能,这种方式不推荐大家使用,大家可以参照Spring Security官网,配置Security需要的CSRF Token。

六、修改login.html页面

将处理用户登录的action改成Spring Securiy提供的 "/login"。部分login.html代码如下:

```html
<form th:action="@{/login}" method="post">
```

项目十 实现 Spring Boot 安全管理

```
    用户名：<input type="text" name="name">
    密  码：<input type="password" name="password">
    <input type="submit" value="登录">
</form>
```

七、修改head.html页面

将退出用户登录的action该成Spring Securiy提供的"/logout"。部分head.html代码如下：

```
<form th:action="@{/logout}" method="post">
    <input id="logout" type="submit" value="退出登录">
</form>
```

八、启动项目进行测试

为了不让前面设置的拦截器影响测试效果，将项目八中配置的自定义的拦截器注释掉。当在浏览器输入http://localhost:8080/admin/toLogin时打开的是自定义的登录页面。

九、访问订单测试

使用测试数据中的admin与lily用户（密码是123456），都是可以正常登录的。当使用lily用户登录时，单击左侧的"订单管理"，无法访问订单页面，效果如图10-3所示。这是因为要访问在配置文件中设置的"订单管理"需要有ADMIN的权限。

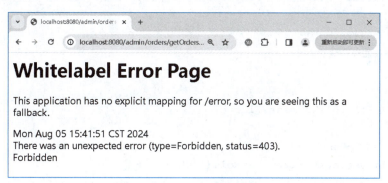

图 10-3　无权限访问订单

任务三　使用 Security 管理前端页面

任务目标

了解Spring Security与thymeleaf整合实现前端页面管理。

任务描述

在任务二中，只是通过Spring Security对后台增加了权限管理，前端页面没有做任何处理，前端页面还显示了对应的内容，用户体验感较差。下面将在任务二的基础上，讲解Spring Security与thymeleaf整合实现前端页面管理。

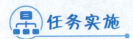

一、添加依赖启动器

在pom.xml中添加thymeleaf-extras-springsecurity6依赖启动器。代码如下：

```xml
<dependency>
    <groupId>org.thymeleaf.extras</groupId>
    <artifactId>thymeleaf-extras-springsecurity6</artifactId>
</dependency>
```

使用Security管理前端页面

二、引入安全标签

在left.html页面中引入Security安全标签，并在页面中根据需要使用Spring Security标签显示控制前端页面内容。部分left.htm代码如下：

```html
<!DOCTYPE html>
<html lang="en" xmlns:th="http://www.thymeleaf.org"
      xmlns:sec="http://www.thymeleaf.org/thymeleaf-extras-springsecurity6">
<head>
    <meta charset="UTF-8">
    <title>左部侧边栏</title>
</head>
<body>
<div id="left" th:fragment="left">
    <ul>
        <!--省略部分代码-->
        <li sec:authorize="hasRole('ADMIN')">
            <a th:href="@{/admin/orders/getOrdersList}">订单管理</a>
        </li>
        <li sec:authorize="hasAuthority('ROLE_ADMIN')">
            <a th:href="@{/admin/users/getUserList}">管理员管理</a>
        </li>
    </  <!--省略部分代码-->ul>
</div>
</body>
</html>
```

在上述代码中，sec:authorize= "hasRole('ADMIN')" 表示用户 是ADMIN角色才可以访问，Spring Security会自动在角色前面插入"ROLE_"，sec: authorize="hasAuthority('ROLE_ADMIN')" 表示用户是ADMIN权限才可以访问。

三、测试登录

启动项目，使用测试数据中的lily用户登录，密码123456，lily用户没有ADMIN 角色，所以看不到订单管理与管理员管理相关的功能，效果如图10-4所示。

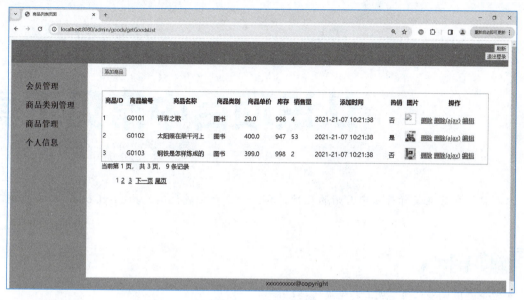

图 10-4 访问效果

习题

1. 简述 Spring Security 的主要功能。
2. 简述如何使用 Spring Security 实现自定义访问控制。
3. 完成用户自定义登录和自定义退出功能。

项目十一
认识项目中常见工具

本项目将学习在实际开发中常用的几种工具，如自动生成代码工具EasyCode、版本控制工具Git。

知识目标

- 学会使用代码自动生成工具生成代码。
- 掌握使用Git进行版本控制。
- 掌握Git的分支，并在实践中灵活运用。
- 了解Lombok插件的使用。

技能目标

- 能够使用代码自动生成工具生成项目框架。
- 能够熟练运用Git进行版本控制。
- 能够灵活管理Git分支。

素养目标

- 培养自动化与效率意识。
- 强化团队协作与版本控制意识。

 **使用代码自动生成工具**

任务目标

- 认识IntelliJ IDEA插件EasyCode。

- 会使用EasyCode插件自动生成代码。

任务描述

在实际开发中，会使用到各种代码自动生成工具。自动生成代码的功能不仅可以提高编程效率，还可以减少错误和提高代码的质量。用户可以根据自己的需求和项目要求，灵活地生成所需的代码，从而节省大量的时间和精力。下面就介绍一款代码自动生成工具EasyCode。

相关知识

一、EasyCode简介

EasyCode是一个IntelliJ IDEA插件，它为开发人员提供了一种快速、简单的方式来生成代码。通过使用EasyCode，开发人员可以通过填写一些简单的表单和选择一些选项，快速生成常见的代码片段和模板。

EasyCode支持多种编程语言和框架，包括Java、Kotlin、Spring、Hibernate、MyBatis、Struts、JSF等。它提供了许多预定义的代码模板，如CRUD操作、实体类、Service类、Controller类等，可以根据用户的需要进行修改和定制。

使用代码自动生成工具相关知识点

EasyCode的主要功能如下：

（1）自动生成实体类：根据数据库表结构生成Java实体类，并自动生成getter()/setter()方法和toString()等常用方法。

（2）自动生成DAO层：根据数据库表结构生成DAO层代码，包括增删改查等常用操作方法。

（3）自动生成Service层：根据数据库表结构生成Service层代码，包括事务管理和业务逻辑处理等方法。

（4）自动生成Controller层：根据数据库表结构生成Controller层代码，包括请求映射和参数绑定等方法。

（5）自动生成前端代码：根据数据库表结构生成前端页面代码，包括表格显示、表单验证和数据提交等功能。

（6）除了自动生成代码外，EasyCode还提供了一些辅助功能，如代码格式化、代码跳转、代码补全等，可以提高开发效率和代码质量。

总之，EasyCode是一个功能强大、易于使用的IntelliJ IDEA插件，可以帮助开发人员快速生成常见的代码片段和模板，提高开发效率。

二、配置EasyCode全局信息

在IntelliJ IDEA的setting界面中可以配置EasyCode，如图11-1所示。可以设置用户名（对应生成代码的@author字段），进行自定义模板设置，设置模板的导入和导出等。

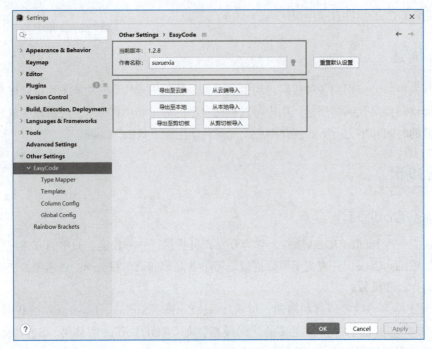

图 11-1　EasyCode 设置界面

EasyCode设置说明：

（1）Type Mapper：配置数据库列类型与实体类属性类型的映射。Type Mapper使用正则表达式进行匹配时，列表顺序要求细规则匹配在粗规则匹配的前面。如图11-2所示，column Type对应数据库表的字段类型；javaType对应生成的Java Entity中属性的类型。同样可以单击+/-号添加或删除映射关系。

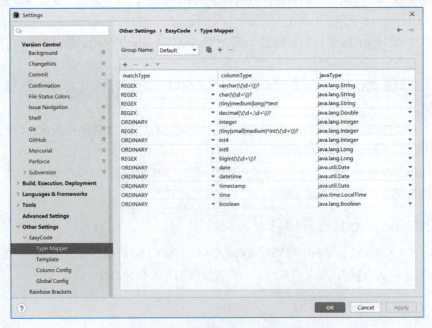

图 11-2　Type Mapper 设置页面

（2）Template：配置EasyCode的Velocity模板。EasyCode为每个Java类（Controller、ServiceImpl、Mapper、Entity）配置一个生成模板，配置使用Velocity语法。如图11-3所示，单击右侧">"按钮便可预览根据这张表生成的Java类。

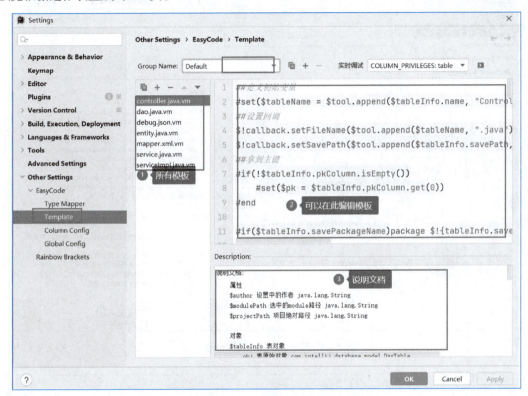

图 11-3　Template 设置页面

在进行以上配置时，建议复制默认分组（default），生成一份自己的分组,然后在自己的分组上进行个性化修改。不建议直接修改default。

任务实施

一、安装easyCode

直接在IntelliJ IDEA设置界面中找到Plugins配置，然后搜索Easy Code，单击"install"按钮进行安装（见图11-4），安装完后重启IntelliJ IDEA即可。

视　频

使用代码自动生成工具

二、关联数据库

使用EasyCode插件前，需要先关联用到的数据库。如图11-5所示，先创建一个数据库连接；在图11-6中，填写数据库用户名、密码及所连接的数据名，单击Test Connection连接，提示successed即代表数据库可以正确连接。如果是第一次关联数据库，需要按照提示先下载并安装好对应数据库的驱动程序。

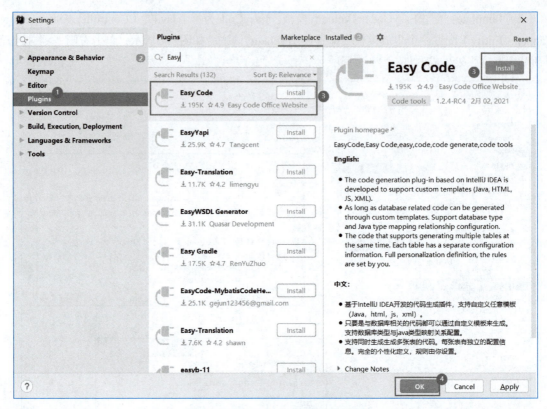

图 11-4 Easy Code 插件安装界面

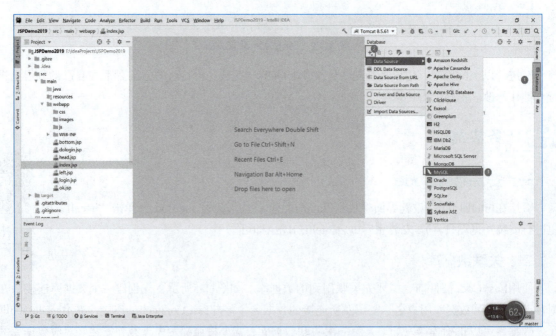

图 11-5 IntelliJ IDEA 中创建数据库连接

图 11-6　IntelliJ IDEA 中连接数据库

三、生成Java类

关联数据库成功之后，在侧边栏会有一个数据的连接，通过它可以很方便地访问数据，如图11-7所示。

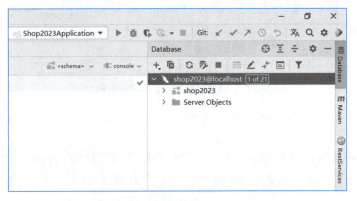

图 11-7　数据库连接成功页面

如图11-8所示，选中Database连接中的一张表(也可以按住Ctrl键，选择多张表)，右击选择EasyCode→Generate Code命令。在如图11-9所示对话框中选择代码生成路径、模板分组（默认或自定义的）等，选中要生成的Java类对应的模板等信息，单击OK按钮便可生成。

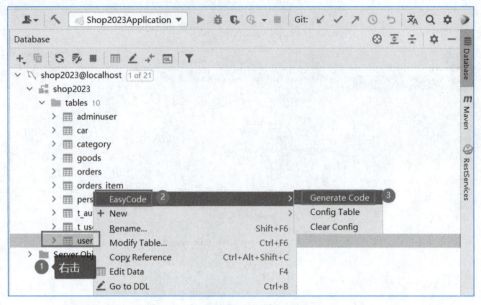

图 11-8　选择自动生成代码的表界面

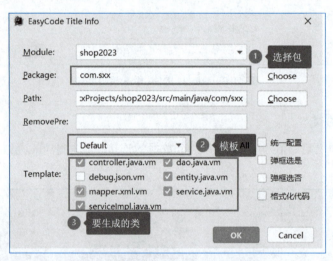

图 11-9　选择自动生成代码的表界面

通过上述操作，便可以轻松通过插件生成代码，不用每次都一层层地手动创建各层的类。

> 注意：上面的项目并不能正常运行，因为并没有配置扫描Mapper接口的地方。默认模板提供的一些方法并不需要或者没有相关的jar包，用户根据自己的实际情况更改即可。

任务二　认识版本控制工具

任务目标

- 了解版本控制工具。
- 掌握使用Git进行版本控制。
- 掌握Git的分支，并在实践中灵活运用。

任务描述

版本控制工具是软件开发过程中用于管理代码版本的工具。本任务将介绍使用版本库控制工具的优点，以及常用版本控制工具git在IntelliJ IDEA环境中的配置及使用。

相关知识

一、版本控制工具简介

使用版本控制工具在软件开发中是非常重要的，下面介绍版本控制工具的主要优点：

（1）版本管理：版本控制工具能够跟踪代码的变化历史，记录每次代码提交所做的更改。这样可以方便地查看和回溯代码的不同版本，帮助开发人员了解代码的演进过程。

（2）协作与团队合作：版本控制工具使得多人协作开发变得更加高效和无缝。不同开发人员可以在各自的分支上进行独立开发，并随时合并代码，避免了代码冲突和覆盖问题。

（3）安全备份与恢复：版本控制工具可以帮助开发人员轻松地备份代码，并在需要的时候进行恢复。即使出现了错误或者意外情况，开发人员也可以轻松回滚到之前的稳定版本。

（4）错误追踪与调试：当出现错误或者功能问题时，版本控制工具可以帮助开发人员快速定位问题所在。通过比对不同版本的代码，可以精确地找出引入问题的代码更改。

（5）分支管理与特性开发：版本控制工具允许开发人员创建不同的分支来并行开发不同的功能或解决不同的问题。这样可以确保代码的稳定性，且允许同时进行多个特性开发并在需要时方便地合并代码。

（6）回退与回滚：如果某个代码更新导致了问题，或者新功能未能如预期那样工作，使用版本控制工具可以轻松地回退到之前的版本，避免发布了有缺陷的代码。

二、常见版本控制工具

版本控制工具能够提高开发团队的效率和协作能力，保障代码的安全和质量，并提供灵活的功能开发和问题处理方式。它是现代软件开发中不可或缺的工具之一。下面介绍一些常用的版本控制工具：

（1）Git：Git是目前最流行的分布式版本控制系统。它具有高效的分支管理、强大的代码合并能力和快速的操作速度。Git可以在本地进行提交、修改和切换分支，也可以与远程主机进行同步。

（2）SVN：SVN（Subversion）是一个集中式版本控制系统，它提供了版本控制、协同工作和文件版本历史追踪等功能。SVN使用集中式的服务器管理源代码，并通过客户端与服务器进行交互。

（3）Mercurial：Mercurial是另一个流行的分布式版本控制系统。它与Git类似，具有分支管理和代码合并功能，同时也提供简单易用的命令行工具和可视化界面。

（4）Perforce：Perforce是一种商业化的版本控制系统，主要用于大型团队的软件开发。它具有高性能、可扩展和安全的特点，支持并发开发和大规模代码库。

（5）Team Foundation Server(TFS)：TFS是微软开发的一个集成的应用生命周期管理工具。它提供了源代码管理、项目管理、构建和测试等功能，并与其他微软开发工具（如Visual Studio）紧密集成。

这些版本控制工具都具有各自的特点和优势，选择适合自己团队的工具需要考虑项目规模、团队成员的熟悉程度以及特定需求等因素。接下来结合本项目学习Git在工作中常用的一些操作。

任务实施

一、Git在IntelliJ IDEA中的配置及使用

Git是一个开源的分布式版本控制系统，用于敏捷高效地处理任何或小或大的项目。Git的初衷是为了帮助管理Linux内核开发而开发的一个开放源码的版本控制软件。

Git常用以下6个命令：git clone、git push、git add 、git commit、git checkout、git pull。其工作流如图11-10所示。

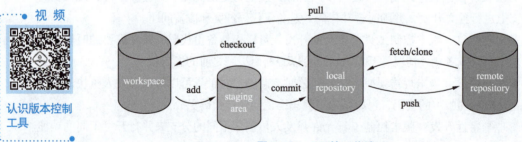

图11-10　Git的工作流

（一）Git的安装及配置

可以从Git官网下载所需要的版本，按照安装指引一步步安装即可。

Git安装成功之后，与开发环境IntelliJ IDEA进行关联。在IntelliJ IDEA编辑器中，单击File按钮，选择Setting打开IntelliJ IDEA的设置界面。在Version Control选项中的选择git,在该界面的右上部分选择git安装目录中cmd目录下的git.exe文件。最后单击Test按钮测试一下，出现版本号表示配置成功。单击OK按钮即可，如图11-11所示。

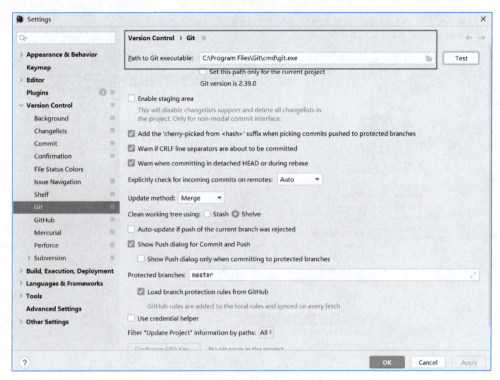

图 11-11　Git 与 IDEA 进行关联

这里值得一提的是，用户需要在父类工程中添加提交时所需要过滤的文件.gitignore，否则他人在将代码更新到本地时会报错。.gitignore文件内容示例如下：

```
HELP.md
target/
!.mvn/wrapper/maven-wrapper.jar
!**/src/main/**/target/
!**/src/test/**/target/
### IntelliJ IDEA ###
.idea
*.iws
*.iml
*.ipr
/target/
```

用户可以根据实际情况，在.gitignore文件添加要排除的内容。在IntelliJ IDEA中添加排除文件的操作如图11-12所示，右击要排除的文件，选择Git→Add to .gitignore命令,再选择合适的排除方式即可。

（二）建立本地仓库

在IntelliJ IDEA编辑器中（见图11-13），选择VCS→Enable Version Control Integration命令，在图11-14中选择Git，单击OK按钮。此时就创建成功了一个以该项目名shop2023命名的本地仓库。

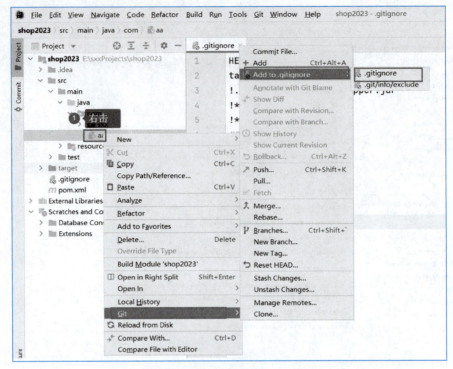

图 11-12 添加排除文件

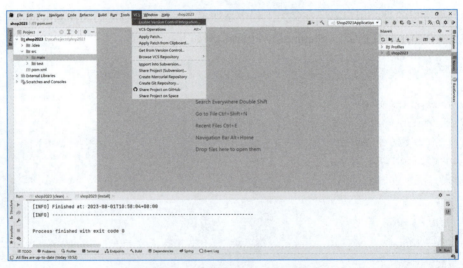

图 11-13 使用 IDEA 建立本地仓库

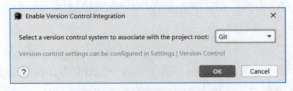

图 11-14 选择版本控制工具

（三）Git文件在IntelliJ IDEA中的颜色

在使用Git进行版本管理过程中，代码文件有一些颜色的变化，如图11-15所示。

（1）红色：未加入版本控制，Git不管理。

（2）绿色：已加入版本控制，暂未提交。

（3）蓝色：已加入版本控制，已提交，有改动（提交后就变回黑色）。

（4）黑色：已加入版本控制，已提交，无改动。

（5）灰色：已加入版本控制，忽略的文件（.ignore）。

（四）IntelliJ IDEA中使用分支

Git分支是指在Git版本控制系统中，为了支持并行开发和代码管理而创建的一个独立的工作路径。分支可以看作项目的不同版本或并行开发的不同线路，每个分支都有自己的提交历史和代码状态。

Git分支的主要优点是可以同时进行多项功能或bug修复的开发，而不会相互干扰。Git分支是由指针管理起来的，所以创建、切换、合并、删除分支都非常快，非常适合大型项目的开发。在分支上进行开发，调试好以后再合并到主分支。每个人开发模块时都不会影响到别人。

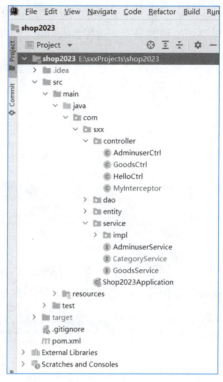

图 11-15　Git 文件颜色变化

分支使用策略如下：

（1）主分支（默认创建的master分支）只用来分布重大版本（对于每个版本可以创建不同的标签，以便于查找）。

（2）日常开发应该在另一条分支上完成，可以取名为Develop。

（3）临时性分支，用完后最好删除，以免分支混乱。

多人开发时，每个人还可以分出一个自己专属的分支，当阶段性工作完成后应该合并到上级分支。

下面将讲解Git在IntelliJ IDEA中的使用：

（1）新建分支，如图11-16所示，在IntelliJ IDEA编辑器的右下角，单击master按钮,选择New Branch，填写新分支的名字即可。创建成功默认显示新建的分支。

 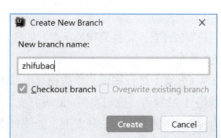

图 11-16　创建分支

（2）切换分支，如图11-17所示，在IntelliJ IDEA编辑器的右下角，单击当前所在的分支名称,选择要切换到的分支，选择Checkout，即可完成分支的切换。

图11-17　切换分支

（3）删除分支，如图11-18所示，在IntelliJ IDEA编辑器的右下角，单击当前所在的分支名称,选择要删除的分支，选择Delete，即可完成分支的删除。

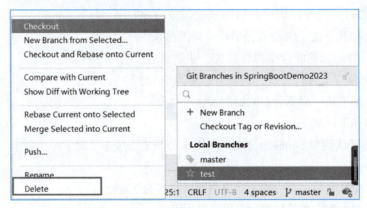

图11-18　切换分支

（五）分支实训

下面通过一个例子练习分支的使用，具体步骤如下：

（1）创建两个分支，分别是ZF和WX。

（2）切换到ZF分支，并在ZF分支上进行编辑，然后提交所修改的内容，如图11-19所示。

（3）切换到master分支，查看主分支上的变化，如图11-20所示，在ZF分支上修改的内容并没有反应到master分支上。

（4）创建WX分支，切换到WX分支，如图11-21所示，可以看到新创建的WX分支上的内容此时跟master分支相同。

（5）在WX分支上进行编辑，然后提交所修改的内容，如图11-22所示。

（6）如图11-23所示，先切换到master分支，将WX分支的内容合并到主分支上。此时在WX分支上修改的内容已经反映到master分支上，如图11-24所示。

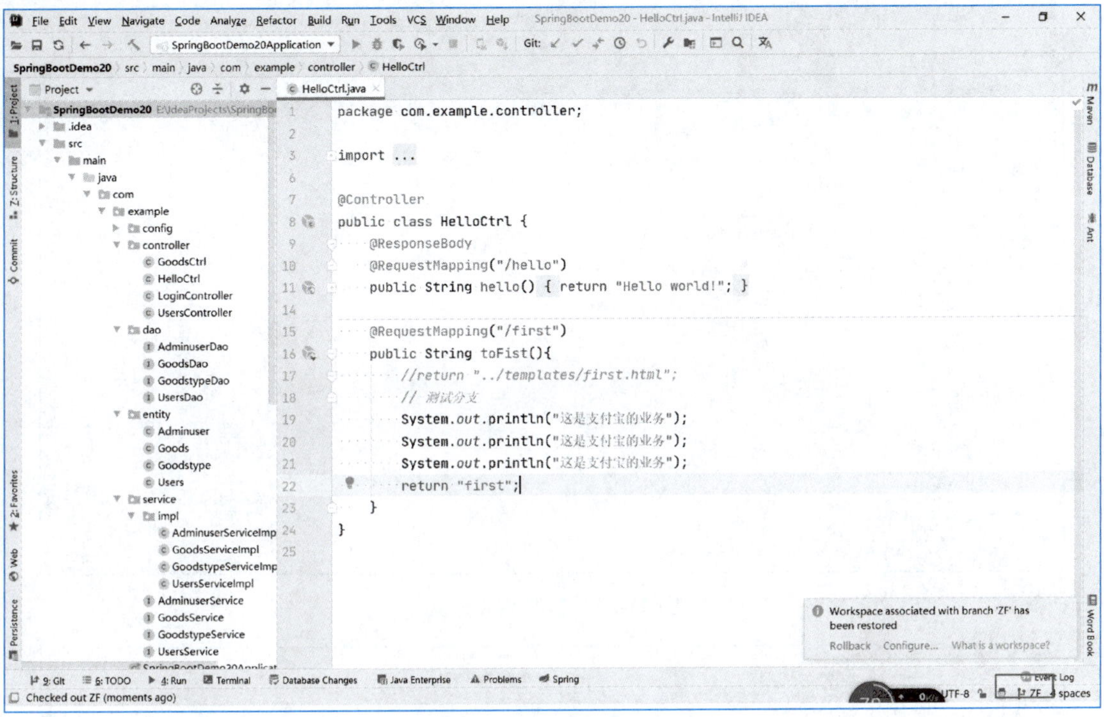

图 11-19 修改 ZF 分支

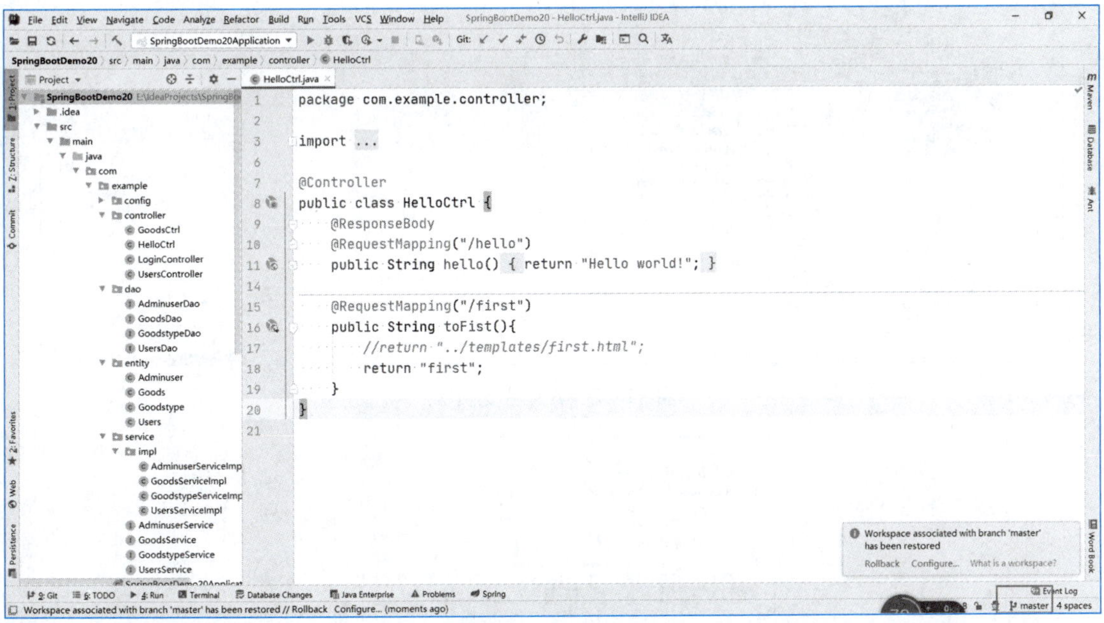

图 11-20 查看主分支

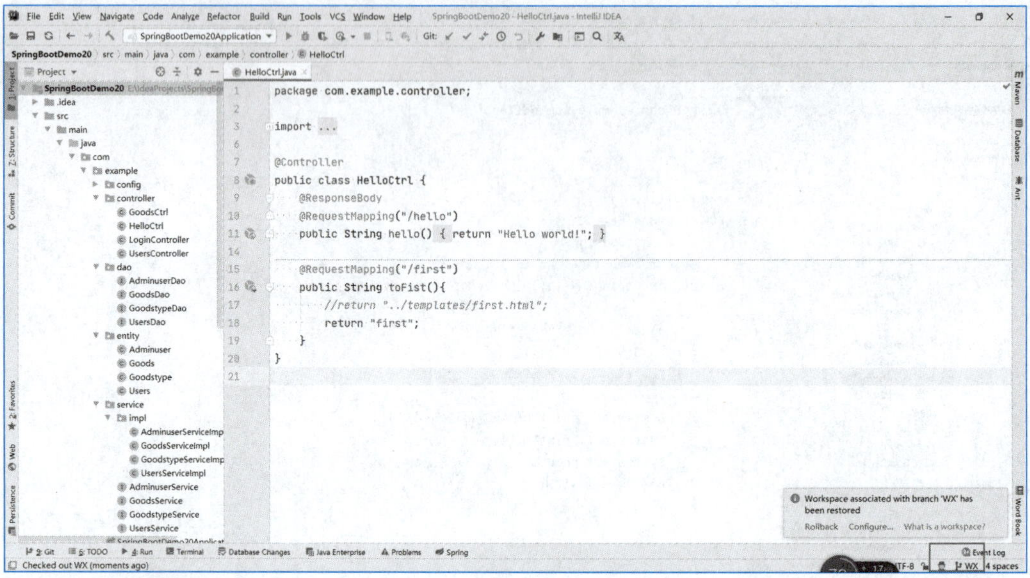

图 11-21　新建 WX 分支

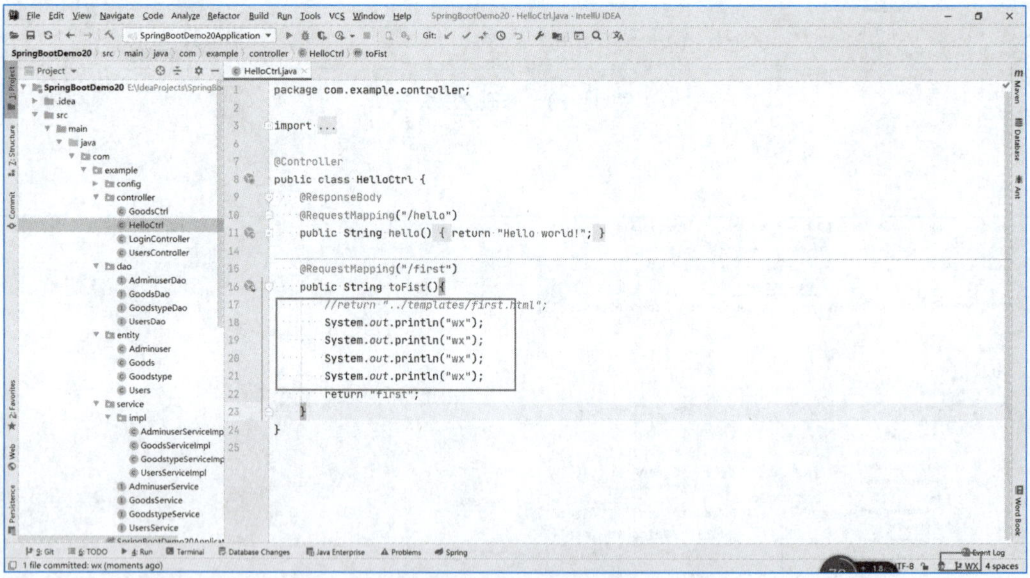

图 11-22　WX 分支页面

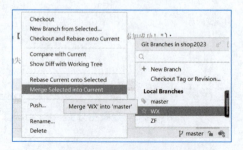

图 11-23　分支合并

项目十一　认识项目中常见工具

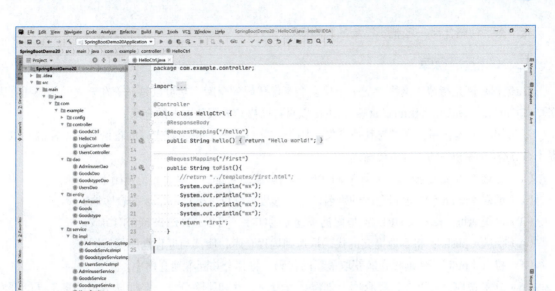

图 11-24　合并 WX 分支的 master 分支

（7）将ZF分支的内容也合并到主分支上。在进行ZF分支合并时，出现了如图11-25所示的3种符号，这是因为在不同的分支上进行同一文件的编辑，代码产生冲突，需要手动进行合并。

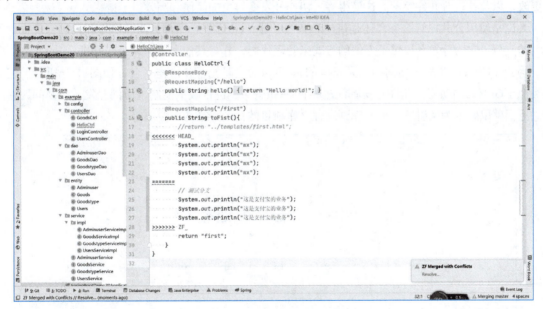

图 11-25　合并 ZF 分支的 master 分支

图11-25中的三种符号代表的意义分别如下：

- ======：表示分隔线。
- <<<<<到======之间：表示当前分支内容。
- ======到>>>>>之间：表示分支合并进来的内容。

接下来手动整合到一起,把不需要的删除即可。

二、Git远程仓库

Git远程仓库是指位于网络上的一个或多个存储代码的仓库。它可以是托管在云端的代码托管服务（如GitHub、GitLab、Bitbucket等），也可以是自己搭建的服务器上的仓库。

通过使用远程仓库，可以与其他开发者协作、共享代码，并保持代码的备份和版本控制。以下是与Git远程仓库相关的一些重要概念：

（1）克隆（clone）：从远程仓库复制代码库到本地，创建一个本地的镜像副本。

（2）远程（remote）：远程仓库的别名，通过远程名称可以标识一个远程仓库地址。

（3）远程地址（remote URL）：指向远程仓库的URL，可以是HTTPS或SSH协议。

（4）推送（push）：将本地提交的代码推送到远程仓库，使其与远程仓库保持同步。

（5）拉取（pull）：从远程仓库获取最新的代码，将其合并到本地仓库中。

（6）分支管理：可以在远程仓库上创建、查看、合并和删除分支，与团队成员共享不同的开发代码分支。

（7）协作与合并：多人同时操作远程仓库，协同开发相同的代码库，并通过合并将各自的更改整合到主干分支中。

通过使用Git命令和工具，可以将本地仓库与远程仓库进行交互，推送我们的更改、拉取其他人的更改，以及处理合并冲突等。这使得多人协作开发变得更加简便和高效。

无论是使用公共托管服务，还是搭建私有服务器，Git远程仓库都为团队协作和代码管理提供了强大的支持。它为开发者提供了方便的方式来管理代码，并与其他人共享和合作开发。

码云（Gitee）是一个面向国内开发者的基于Git的代码托管和协作平台，如图11-26所示。它提供类似于GitHub的功能，允许开发者创建和管理Git仓库、进行版本控制、协同开发，以及问题追踪等。下面就以码云为例讲解本地仓库到远程仓库项目的克隆、推送、拉取等。

图 11-26　码云首页

（一）从远程仓库克隆项目

这里以本书的项目为例，将远程仓库中的项目克隆到本地。首先，选择IntelliJ IDEA工具菜单栏中的Git→Clone命令（见图11-27），打开Clone项目对话框，如图11-28所示。将项目的网址https://gitee.com/suxuexia_admin/shop2023.git复制到URL中，项目路径根据实际情况填写即可。然后，单击Clone按钮，此过程比较漫长，第一次会提示输入用户名密码(这里是码云的账号),等待一段时间后，项目内容全部加载完，在右侧Maven的生命周期中单击install按钮，就可以运行项目。

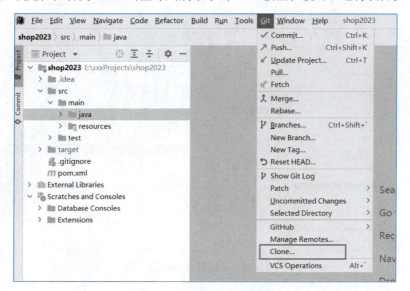

图 11-27　克隆 Clone 项目

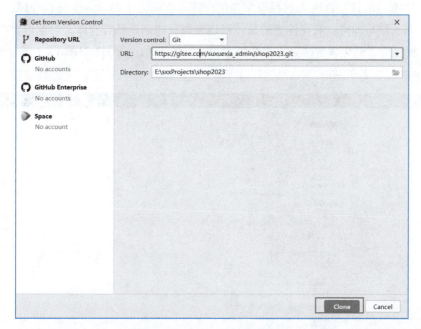

图 11-28　Clone 项目对话框

（二）从远程仓库拉取项目

远程仓库中项目的内容有更新，可以使用如下两种方式拉取项目，更新本地仓库内容，如图11-29所示。

（1）在左边导航栏，右击要更新的内容，选择Git→Pull命令。

（2）单击右上角的 ↗ 按钮，进行整个项目的拉取。

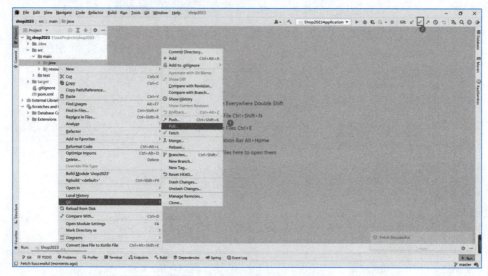

图 11-29　从远程仓库拉取项目

（三）向远程仓库推送项目

（1）如果是本地项目且首次向远程仓库推送，需要在码云上新建一个远程仓库，如图11-30所示，内容根据提示填写即可。需要注意的是，新建仓库只能创建私有仓库，后期可以在该仓库的设置页面进行设置。为了避免版本冲突，此处新建了一个空仓库，如图11-31所示。

图 11-30　创建远程仓库

图 11-31 空白的远程仓库

（2）如图11-32所示，选择IntelliJ IDEA工具菜单栏中的Git→Push命令，打开如图11-33所示对话框。

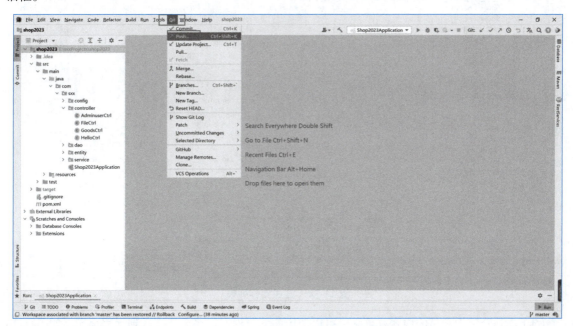

图 11-32 向远程仓库推送项目

（3）单击Define remote连接，在打开的Define Remote对话框填入远程仓库的地址，单击OK按钮，即可出现如图11-34所示的文件推送列表。单击Push按钮即可完成本地仓库向远程仓库的推送。可以登录远程仓库查看效果，如图11-35所示。

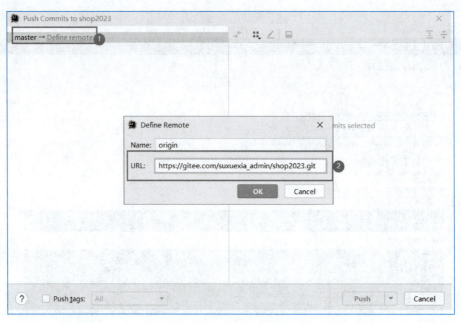

图 11-33　定义远程仓库

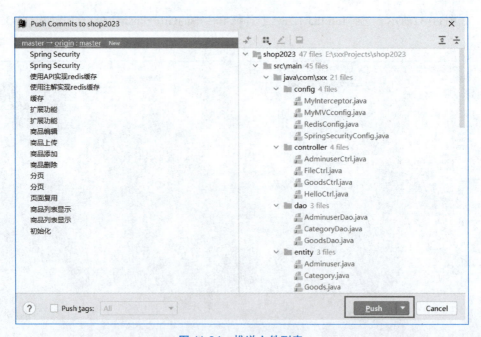

图 11-34　推送文件列表

（4）本地仓库中项目的内容有更新，可以使用如下两种方式将更新推送到远程仓库，如图11-36所示。
- 在左边导航栏，右击要更新的内容，选择Git→Push命令。
- 单击右上角的 ✓ 按钮，进行整个项目的拉取。

项目十一　认识项目中常见工具

图 11-35　项目推送完成后远程仓库效果

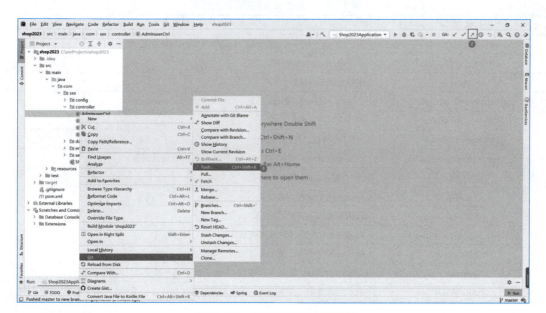

图 11-36　向远程仓库推送更新

任务三　认识 Lombok 插件

任务目标

- 认识Lombok插件。

- 学会配置Lombok插件。

任务描述

setter和getter方法是用来访问类的私有成员的典型方式。大量的setter和getter代码让类变得复杂、让代码变得冗长，因此开发者需要花费很多时间编写这些代码。本任务将使用Lombok插件简化Java代码。

认识Lombok
插件相关知识
点

相关知识

Lombok插件是一款专为Java开发者设计的插件，旨在简化Java代码的编写。它通过自动生成一些常见的Java代码，如getter和setter方法、构造函数、equals和hashCode方法等，减少开发者的重复劳动。

使用Lombok插件，可以使用一些注解替代手动编写这些代码。Lombok的注解及其作用见表11-1。

表11-1 Lombok 的注解及其作用

注解名称	作　　用
@Data	生成 Getter、Setter、toString、equals 和 hashCode 方法
@Getter、@Setter	生成 Getter、Setter 方法
@ToString	生成 toString 方法
@EqualsAndHashCode	生成 equals 和 hashCode 方法
@NoArgsConstructor	生成无参构造方法
@AllArgsConstructor	生成全参构造方法
@RequiredArgsConstructor	生成构造方法，只包含带有 @NonNull 注解的成员变量
@NonNull	标识成员变量不允许为空
@Slf4j	自动生成 Slf4j 的日志变量
@Log4j	自动生成 Log4j 的日志变量
@Slf4j、@Log4j、@Log等	自动生成对应框架的日志变量
@Builder	提供一种流畅的、便于阅读的构建器模式
@Value	类似于 @Data，但只生成 Getter 方法，且生成不可变类
@UtilityClass	表示当前类是一个实用类，其中的静态方法都是直接调用，不需要创建实例

要使用Lombok插件，需要在项目中添加相应的依赖，并在IDE中启用Lombok支持。不同的IDE对Lombok的支持有所不同，可以查阅Lombok的官方文档了解详细的安装和配置步骤。

认识Lombok
插件

任务实施

下面以IntelliJ IDEA中使用Lombok插件为例，讲解Lombok插件的安装和配置。

一、安装Lombok

在IntelliJ IDEA的设置页中，选择Plugins选项，在Marketplace选项中搜索Lombok安装即

可，如图11-37所示。

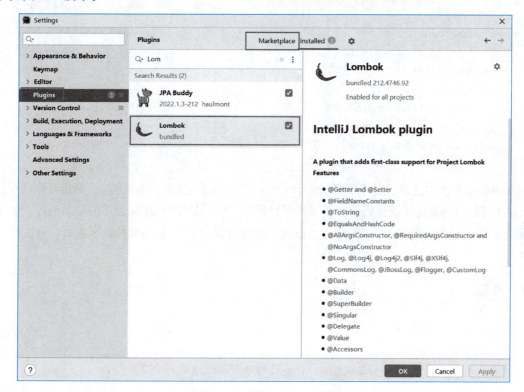

图 11-37　安装 Lombok 插件

二、添加Lombok依赖

在pom.xml文件中添加Lombok的依赖，代码如下：

```
<dependency>
    <groupId>org.projectlombok</groupId>
    <artifactId>lombok</artifactId>
    <version>1.18.24</version>
    <scope>provided</scope>
</dependency>
```

在上述代码中，将Lombok添加scoped为provided的依赖项。意味着它并没有被打包进JAR文件中。因为Lombok主要是一个工具，用来生成样板代码，如getter、setter方法等。一旦代码被编译，Lombok的工作就完成了，运行时就不再需要它。

三、自动生成setter、getter方法及其他方法

使用@Data注解可以自动为类生成getter和setter方法，使用@NoArgsConstructor注解可以自动生成无参构造函数。例如：

```
import lombok.Data;
```

```
import lombok.NoArgsConstructor;

@NoArgsConstructor
@Data
public class Users{
    private Integer id;
    private String loginName;
    private String password;
    private String gender;
}
```

Lombok插件使用注解的方式生成setter、getter、hashCode、toString等方法，简化开发过程。同时，它还可以自动删除样板代码，大幅减小了代码复杂度。虽然Lombok插件的效果很好，但还是有很多开发者反对使用该插件。因此，用户应该权衡利弊，了解Lombok的优缺点后，再决定是否使用。

1. 简述Git的工作流程。
2. 简述Git分支的作用。
3. 在代码托管平台上创建远程仓库，将自己的项目推送到远程仓库。

参 考 文 献

[1] 李锡辉. MySQL数据库技术与项目应用教程[M]. 北京：人民邮电出版社, 2018.

[2] 黑马程序员. Spring Boot企业级开发教程[M]. 北京：人民邮电出版社, 2019.

[3] 黑马程序员. Java EE企业级应用开发教程[M]. 北京：人民邮电出版社, 2017.